교과서 연계 연산 강화 프로젝트
속도와 정확성을 동시에 잡는 연산 훈련서

쌤과

쌍둥이 연산노트

초등 5단계

3·1

예습책

1일 2쪽
한 달 완성

이젠교육
EZEN EDUCATION

이젠수학연구소 지음

이젠수학연구소는 유아에서 초중고까지 학생들이 수학의 바른길을 찾아갈 수 있도록 수학 학습법을 연구하는 이젠교육의 수학 연구소입니다. 수학 실력은 하루아침에 완성되지 않으며, 다양한 경험을 통해 발달합니다. 그길에 친구가 되고자 노력합니다.

쌤과 맘이 만든

쌍둥이 연산 노트 3-1 예습책 (초등 5단계)

지 은 이	이젠수학연구소	**개발책임**	최철훈
펴 낸 이	임요병	**편　　집**	㈜성지이디피
펴 낸 곳	㈜이젠미디어	**디 자 인**	이순주, 최수연
출판등록	제 2020-000073호	**제　　작**	이성기
주　　소	서울시 영등포구 양평로 22길 21 코오롱디지털타워 404호	**마 케 팅**	김남미
		인스타그램	@ezeneducation
전　　화	(02)324-1600	**블 로 그**	http://blog.naver.com/ezeneducation
팩　　스	(031)941-9611		

@이젠교육

ISBN 979-11-90880-55-8

쌤과 맘이 만든

쌍둥이 연산노트

초등 5단계

3·1

예습책

쌍둥이 연산 노트

한눈에 보기

1학년

1학기

단원	학습 내용
9까지의 수	· 9까지의 수의 순서 알기 · 수를 세어 크기 비교하기
덧셈	· 9까지의 수 모으기 · 합이 9까지인 덧셈하기
뺄셈	· 9까지의 수 가르기 · 한 자리 수의 뺄셈하기
50까지의 수	· 십몇 알고 모으기와 가르기 · 50까지의 수의 순서 알기 · 50까지의 수의 크기 비교

2학기

단원	학습 내용
100까지의 수	· 100까지의 수의 순서 알기 · 100까지 수의 크기 비교하기
덧셈(1)	· (몇십몇)+(몇십몇) · 합이 한 자리 수인 세 수의 덧셈
뺄셈(1)	· (몇십몇)−(몇십몇) · 계산 결과가 한 자리 수인 세 수의 뺄셈
덧셈(2)	· 세 수의 덧셈 · 받아올림이 있는 (몇)+(몇)
뺄셈(2)	· 세 수의 뺄셈 · 받아내림이 있는 (십몇)−(몇)

2학년

1학기

단원	학습 내용
세 자리 수	· 세 자리 수의 자릿값 알기 · 수의 크기 비교
덧셈	· 받아올림이 있는 (두 자리 수)+(두 자리 수) · 세 수의 덧셈
뺄셈	· 받아내림이 있는 (두 자리 수)−(두 자리 수) · 세 수의 뺄셈
곱셈	· 몇 배인지 알아보기 · 곱셈식으로 나타내기

2학기

단원	학습 내용
네 자리 수	· 네 자리 수 알기 · 두 수의 크기 비교
곱셈구구	· 2~9단 곱셈구구 · 1의 단, 0과 어떤 수의 곱
길이 재기	· 길이의 합 · 길이의 차
시각과 시간	· 시각 읽기 · 시각과 분 사이의 관계 · 하루, 1주일, 달력 알기

3학년

1학기

단원	학습 내용
덧셈	· 받아올림이 있는 (세 자리 수)+(세 자리 수)
뺄셈	· 받아내림이 있는 (세 자리 수)−(세 자리 수)
나눗셈	· 곱셈과 나눗셈의 관계 · 나눗셈의 몫 구하기
곱셈	· 올림이 있는 (몇십몇)×(몇)
길이와 시간의 덧셈과 뺄셈	· 길이의 덧셈과 뺄셈 · 시간의 덧셈과 뺄셈
분수와 소수	· 분모가 같은 분수의 크기 비교 · 소수의 크기 비교

2학기

단원	학습 내용
곱셈	· 올림이 있는 (세 자리 수)×(한 자리 수) · 올림이 있는 (몇십몇)×(몇십몇)
나눗셈	· 나머지가 있는 (몇십몇)÷(몇) · 나머지가 있는 (세 자리 수)÷(한 자리 수)
분수	· 진분수, 가분수, 대분수 · 대분수를 가분수로 나타내기 · 가분수를 대분수로 나타내기 · 분모가 같은 분수의 크기 비교
들이와 무게	· 들이의 덧셈과 뺄셈 · 무게의 덧셈과 뺄셈

쌍둥이 연산 노트는 수학 교과서의 연산과 관련된 모든 영역의 문제를 학교 수업 차시에 맞게 구성하였습니다.

4학년

1학기

단원	학습 내용
큰 수	· 다섯 자리 수 · 천만, 천억, 천조 알기 · 수의 크기 비교
각도	· 각도의 합과 차 · 삼각형의 세 각의 크기의 합 · 사각형의 네 각의 크기의 합
곱셈	· (몇백)×(몇십) · (세 자리 수)×(두 자리 수)
나눗셈	· (몇백몇십)÷(몇십) · (세 자리 수)÷(두 자리 수)

2학기

단원	학습 내용
분수의 덧셈	· 분모가 같은 분수의 덧셈 · 진분수 부분의 합이 1보다 큰 대분수의 덧셈
분수의 뺄셈	· 분모가 같은 분수의 뺄셈 · 받아내림이 있는 대분수의 뺄셈
소수의 덧셈	· (소수 두 자리 수)+(소수 두 자리 수) · 자릿수가 다른 소수의 덧셈
소수의 뺄셈	· (소수 두 자리 수)−(소수 두 자리 수) · 자릿수가 다른 소수의 뺄셈
다각형	· 삼각형, 평행사변형, 마름모, 직사각형의 각도와 길이 구하기

5학년

1학기

단원	학습 내용
자연수의 혼합 계산	· 덧셈, 뺄셈, 곱셈, 나눗셈이 섞여 있는 식 계산하기
약수와 배수	· 약수와 배수 · 최대공약수와 최소공배수
약분과 통분	· 약분과 통분 · 분수와 소수의 크기 비교
분수의 덧셈과 뺄셈	· 받아올림이 있는 분수의 덧셈 · 받아내림이 있는 분수의 뺄셈
다각형의 둘레와 넓이	· 정다각형의 둘레 · 사각형, 평행사변형, 삼각형, 마름모, 사다리꼴의 넓이

2학기

단원	학습 내용
어림하기	· 올림, 버림, 반올림
분수의 곱셈	· (분수)×(자연수) · (자연수)×(분수) · (분수)×(분수) · 세 분수의 곱셈
소수의 곱셈	· (소수)×(자연수) · (자연수)×(소수) · (소수)×(소수) · 곱의 소수점의 위치
자료의 표현	· 평균 구하기

6학년

1학기

단원	학습 내용
분수의 나눗셈	· (자연수)÷(자연수) · (분수)÷(자연수)
소수의 나눗셈	· (소수)÷(자연수) · (자연수)÷(자연수)
비와 비율	· 비와 비율 구하기 · 비율을 백분율, 백분율을 비율로 나타내기
직육면체의 부피와 겉넓이	· 직육면체의 부피와 겉넓이 · 정육면체의 부피와 겉넓이

2학기

단원	학습 내용
분수의 나눗셈	· (진분수)÷(진분수) · (자연수)÷(분수) · (대분수)÷(대분수)
소수의 나눗셈	· (소수)÷(소수) · (자연수)÷(소수) · 몫을 반올림하여 나타내기
비례식과 비례배분	· 간단한 자연수의 비로 나타내기 · 비례식과 비례배분
원주와 원의 넓이	· 원주, 지름, 반지름 구하기 · 원의 넓이 구하기

쌍둥이 연산 노트

구성과 유의점

단원	학습 내용	지도 시 유의점	표준 시간
덧셈	01 받아올림이 없는 (세 자리 수)+(세 자리 수)(1)	· 받아올림이 없는 (세 자리 수)+(세 자리 수)의 여러 가지 계산 방법을 알아보게 합니다. · 받아올림이 없는 (세 자리 수)+(세 자리 수)의 계산 원리를 이해하고 익숙하게 계산하게 합니다.	13분
	02 받아올림이 없는 (세 자리 수)+(세 자리 수)(2)		13분
	03 받아올림이 한 번 있는 (세 자리 수)+(세 자리 수)①(1)	일의 자리에서 받아올림이 한 번 있는 (세 자리 수)+(세 자리 수)의 계산 원리를 이해하고 익숙하게 계산하게 합니다.	13분
	04 받아올림이 한 번 있는 (세 자리 수)+(세 자리 수)①(2)		13분
	05 받아올림이 한 번 있는 (세 자리 수)+(세 자리 수)②(1)	십의 자리에서 받아올림이 한 번 있는 (세 자리 수)+(세 자리 수)의 계산 원리를 이해하고 익숙하게 계산하게 합니다.	13분
	06 받아올림이 한 번 있는 (세 자리 수)+(세 자리 수)②(2)		13분
	07 받아올림이 두 번 있는 (세 자리 수)+(세 자리 수)(1)	일의 자리와 십의 자리에서 받아올림이 두 번 있는 (세 자리 수)+(세 자리 수)의 계산 원리를 이해하고 익숙하게 계산하게 합니다.	13분
	08 받아올림이 두 번 있는 (세 자리 수)+(세 자리 수)(2)		13분
	09 받아올림이 세 번 있는 (세 자리 수)+(세 자리 수)(1)	일의 자리, 십의 자리, 백의 자리에서 받아올림이 세 번 있는 (세 자리 수)+(세 자리 수)의 계산 원리를 이해하고 익숙하게 계산하게 합니다.	13분
	10 받아올림이 세 번 있는 (세 자리 수)+(세 자리 수)(2)		13분
뺄셈	01 받아내림이 없는 (세 자리 수)−(세 자리 수)(1)	· 받아내림이 없는 (세 자리 수)−(세 자리 수)의 여러 가지 계산 방법을 알아보게 합니다. · 받아내림이 없는 (세 자리 수)−(세 자리 수)의 계산 원리를 이해하고 익숙하게 계산하게 합니다.	13분
	02 받아내림이 없는 (세 자리 수)−(세 자리 수)(2)		13분
	03 받아내림이 한 번 있는 (세 자리 수)−(세 자리 수)①(1)	십의 자리에서 받아내림이 한 번 있는 (세 자리 수)−(세 자리 수)의 계산 원리를 이해하고 익숙하게 계산하게 합니다.	13분
	04 받아내림이 한 번 있는 (세 자리 수)−(세 자리 수)①(2)		13분
	05 받아내림이 한 번 있는 (세 자리 수)−(세 자리 수)②(1)	백의 자리에서 받아내림이 한 번 있는 (세 자리 수)−(세 자리 수)의 계산 원리를 이해하고 익숙하게 계산하게 합니다.	13분
	06 받아내림이 한 번 있는 (세 자리 수)−(세 자리 수)②(2)		13분
	07 받아내림이 두 번 있는 (세 자리 수)−(세 자리 수)(1)	십와 자리와 백의 자리에서 받아내림이 두 번 있는 (세 자리 수)−(세 자리 수)의 계산 원리를 이해하고 익숙하게 계산하게 합니다.	13분
	08 받아내림이 두 번 있는 (세 자리 수)−(세 자리 수)(2)		13분
나눗셈	01 곱셈과 나눗셈의 관계(1)	· 곱셈식과 나눗셈식으로 나타내도록 합니다. · 곱셈과 나눗셈의 관계를 이해하게 합니다.	9분
	02 곱셈과 나눗셈의 관계(2)		9분
	03 나눗셈의 몫 구하기	나눗셈의 몫을 곱셈식으로 구하게 합니다.	15분

◆ 차시별 2쪽 구성으로 차시의 중요도별로 A~C단계로 2~6쪽까지 집중적으로 학습할 수 있습니다.
◆ 차시별 예습 2쪽+복습 2쪽 구성으로 시기별로 2번 반복할 수 있습니다.

단원	학습 내용	지도 시 유의점	표준 시간
곱셈	01 (몇십)×(몇)(1)	· (몇십)×(몇)을 어떻게 계산하는지 여러 가지 방법으로 알아보게 합니다. · (몇십)×(몇)의 계산 원리를 이해하고 계산하게 합니다.	15분
	02 (몇십)×(몇)(2)		13분
	03 올림이 없는 (몇십몇)×(몇)(1)	올림이 없는 (몇십몇)×(몇)의 계산 원리를 이해하고 계산하게 합니다.	13분
	04 올림이 없는 (몇십몇)×(몇)(2)		15분
	05 올림이 한 번 있는 (몇십몇)×(몇)①(1)	십의 자리에서 올림이 있는 (몇십몇)×(몇)의 계산 원리를 이해하고 계산하게 합니다.	13분
	06 올림이 한 번 있는 (몇십몇)×(몇)①(2)		15분
	07 올림이 한 번 있는 (몇십몇)×(몇)②(1)	일의 자리에서 올림이 있는 (몇십몇)×(몇)의 계산 원리를 이해하고 계산하게 합니다.	13분
	08 올림이 한 번 있는 (몇십몇)×(몇)②(2)		15분
	09 올림이 두 번 있는 (몇십몇)×(몇)(1)	십의 자리와 일의 자리에서 올림이 있는 (몇십몇)×(몇)의 계산 원리를 이해하고 계산하게 합니다.	13분
	10 올림이 두 번 있는 (몇십몇)×(몇)(2)		15분
길이와 시간의 덧셈과 뺄셈	01 cm와 mm가 있는 길이의 덧셈	cm, mm 단위의 길이의 덧셈 계산 원리를 이해하고 계산하게 합니다.	9분
	02 cm와 mm가 있는 길이의 뺄셈	cm, mm 단위의 길이의 뺄셈 계산 원리를 이해하고 계산하게 합니다.	9분
	03 km와 m가 있는 길이의 덧셈	km, m 단위의 길이의 덧셈 계산 원리를 이해하고 계산하게 합니다.	9분
	04 km와 m가 있는 길이의 뺄셈	km, m 단위의 길이의 뺄셈 계산 원리를 이해하고 계산하게 합니다.	9분
	05 시간의 덧셈	시, 분, 초 단위의 시간의 덧셈 계산 원리를 이해하고 계산하게 합니다.	11분
	06 시간의 뺄셈	시, 분, 초 단위의 시간의 뺄셈 계산 원리를 이해하고 계산하게 합니다.	11분
분수와 소수	01 분수 알기	전체를 똑같이 나누었을 때 부분이 전체의 몇 등분한 것 중 몇인지를 알게 합니다.	7분
	02 분모가 같은 분수의 크기 비교	분모가 같은 진분수의 크기를 그림을 이용하여 다양한 방법으로 비교하게 합니다.	10분
	03 단위분수의 크기 비교	단위분수의 크기를 그림을 이용하여 다양한 방법으로 비교하게 합니다.	10분
	04 소수 알기	분수와 소수의 관계를 수직선에 나타내고, 0.1이 몇 개인지 알아보게 합니다.	7분
	05 소수의 크기 비교	소수의 크기를 그림을 이용하여 다양한 방법으로 비교하게 합니다.	8분

01 받아올림이 없는 (세 자리 수) + (세 자리 수) A

○ 143 + 235의 계산

$$\begin{array}{r} 1\,4\,3 \\ +\,2\,3\,5 \\ \hline 8 \end{array} \Rightarrow \begin{array}{r} 1\,4\,3 \\ +\,2\,3\,5 \\ \hline 7\,8 \end{array} \Rightarrow \begin{array}{r} 1\,4\,3 \\ +\,2\,3\,5 \\ \hline 3\,7\,8 \end{array}$$

3+5=8　　4+3=7　　1+2=3

원리 비법 각 자리의 숫자를 맞추어 쓰고, **자리를 맞추어 더해야** 해!

◆ 덧셈을 하세요.

① $\begin{array}{r} 619 \\ +\,280 \\ \hline \end{array}$

⑤ $\begin{array}{r} 206 \\ +\,171 \\ \hline \end{array}$

⑨ $\begin{array}{r} 832 \\ +\,134 \\ \hline \end{array}$

② $\begin{array}{r} 114 \\ +\,245 \\ \hline \end{array}$

⑥ $\begin{array}{r} 860 \\ +\,137 \\ \hline \end{array}$

⑩ $\begin{array}{r} 523 \\ +\,146 \\ \hline \end{array}$

③ $\begin{array}{r} 764 \\ +\,234 \\ \hline \end{array}$

⑦ $\begin{array}{r} 456 \\ +\,413 \\ \hline \end{array}$

⑪ $\begin{array}{r} 585 \\ +\,314 \\ \hline \end{array}$

④ $\begin{array}{r} 706 \\ +\,233 \\ \hline \end{array}$

⑧ $\begin{array}{r} 696 \\ +\,302 \\ \hline \end{array}$

⑫ $\begin{array}{r} 306 \\ +\,672 \\ \hline \end{array}$

정답 92쪽

공부한 날짜	맞힌 개수	걸린 시간
월 일	/27	분

덧셈을 하세요.

⑬ $\begin{array}{r} 184 \\ +\ 415 \\ \hline \end{array}$

⑭ $\begin{array}{r} 260 \\ +\ 319 \\ \hline \end{array}$

⑮ $\begin{array}{r} 492 \\ +\ 304 \\ \hline \end{array}$

⑯ $\begin{array}{r} 587 \\ +\ 112 \\ \hline \end{array}$

⑰ $\begin{array}{r} 236 \\ +\ 622 \\ \hline \end{array}$

⑱ $\begin{array}{r} 656 \\ +\ 132 \\ \hline \end{array}$

⑲ $\begin{array}{r} 417 \\ +\ 332 \\ \hline \end{array}$

⑳ $\begin{array}{r} 664 \\ +\ 232 \\ \hline \end{array}$

㉑ $\begin{array}{r} 872 \\ +\ 123 \\ \hline \end{array}$

㉒ $\begin{array}{r} 716 \\ +\ 223 \\ \hline \end{array}$

㉓ $\begin{array}{r} 333 \\ +\ 366 \\ \hline \end{array}$

㉔ $\begin{array}{r} 790 \\ +\ 208 \\ \hline \end{array}$

㉕ $\begin{array}{r} 164 \\ +\ 815 \\ \hline \end{array}$

㉖ $\begin{array}{r} 364 \\ +\ 235 \\ \hline \end{array}$

㉗ $\begin{array}{r} 528 \\ +\ 411 \\ \hline \end{array}$

02 받아올림이 없는 (세 자리 수)+(세 자리 수) B

○ 512+346의 계산

512+346=858
500+300=800
10+ 40= 50
2+ 6= 8

① 백의 자리 계산: 500+300=800
② 십의 자리 계산: 10+40=50
③ 일의 자리 계산: 2+6=8
➡ 800+50+8=858

원리 비법 **백의 자리**부터 차례로 **더한 값을 더해** 줘!

□ 안에 알맞은 수를 써넣으세요.

❶ 214+745=□
200+700=□
10+ 40=□
4+ 5=□

❷ 647+122=□
600+100=□
40+ 20=□
7+ 2=□

❸ 720+278=□
700+200=□
20+ 70=□
0+ 8=□

❹ 473+226=□
400+200=□
70+ 20=□
3+ 6=□

❺ 837+151=□
800+100=□
30+ 50=□
7+ 1=□

❻ 104+445=□
100+400=□
0+ 40=□
4+ 5=□

정답 92쪽

공부한 날짜	맞힌 개수	걸린 시간
월 일	/27	분

덧셈을 하세요.

⑦ 526＋273

⑭ 201＋626

㉑ 438＋261

⑧ 357＋341

⑮ 889＋110

㉒ 693＋305

⑨ 771＋105

⑯ 506＋263

㉓ 118＋681

⑩ 218＋381

⑰ 573＋322

㉔ 735＋103

⑪ 741＋116

⑱ 629＋160

㉕ 302＋436

⑫ 403＋273

⑲ 330＋639

㉖ 450＋529

⑬ 681＋317

⑳ 175＋524

㉗ 862＋115

03 받아올림이 한 번 있는 (세 자리 수)＋(세 자리 수)① A

○ 267＋318의 계산

$$\begin{array}{r} {}^{1} \\ 267 \\ +\,318 \\ \hline 5 \end{array} \Rightarrow \begin{array}{r} {}^{1} \\ 267 \\ +\,318 \\ \hline 88 \end{array} \Rightarrow \begin{array}{r} {}^{1} \\ 267 \\ +\,318 \\ \hline 588 \end{array}$$

7＋8＝15 → 5, 1＋6＋1＝8 → 8, 2＋3＝5 → 5

➡ 7＋8＝15이므로 10을 십의 자리로 받아올림합니다.

원리 비법 합이 **10이거나 10보다 크면** 받아올림을 해!

덧셈을 하세요.

❶ $\begin{array}{r} 341 \\ +\,129 \\ \hline \end{array}$

❷ $\begin{array}{r} 108 \\ +\,886 \\ \hline \end{array}$

❸ $\begin{array}{r} 221 \\ +\,719 \\ \hline \end{array}$

❹ $\begin{array}{r} 472 \\ +\,309 \\ \hline \end{array}$

❺ $\begin{array}{r} 615 \\ +\,337 \\ \hline \end{array}$

❻ $\begin{array}{r} 351 \\ +\,329 \\ \hline \end{array}$

❼ $\begin{array}{r} 523 \\ +\,148 \\ \hline \end{array}$

❽ $\begin{array}{r} 428 \\ +\,215 \\ \hline \end{array}$

❾ $\begin{array}{r} 226 \\ +\,264 \\ \hline \end{array}$

❿ $\begin{array}{r} 745 \\ +\,137 \\ \hline \end{array}$

⓫ $\begin{array}{r} 125 \\ +\,768 \\ \hline \end{array}$

⓬ $\begin{array}{r} 811 \\ +\,179 \\ \hline \end{array}$

정답 92쪽

공부한 날짜	맞힌 개수	걸린 시간
월 일	/27	분

덧셈을 하세요.

⑬ $\begin{array}{r} 408 \\ +\ 226 \\ \hline \end{array}$

⑭ $\begin{array}{r} 257 \\ +\ 633 \\ \hline \end{array}$

⑮ $\begin{array}{r} 706 \\ +\ 237 \\ \hline \end{array}$

⑯ $\begin{array}{r} 137 \\ +\ 335 \\ \hline \end{array}$

⑰ $\begin{array}{r} 557 \\ +\ 315 \\ \hline \end{array}$

⑱ $\begin{array}{r} 211 \\ +\ 319 \\ \hline \end{array}$

⑲ $\begin{array}{r} 862 \\ +\ 118 \\ \hline \end{array}$

⑳ $\begin{array}{r} 508 \\ +\ 485 \\ \hline \end{array}$

㉑ $\begin{array}{r} 638 \\ +\ 143 \\ \hline \end{array}$

㉒ $\begin{array}{r} 366 \\ +\ 627 \\ \hline \end{array}$

㉓ $\begin{array}{r} 652 \\ +\ 229 \\ \hline \end{array}$

㉔ $\begin{array}{r} 167 \\ +\ 515 \\ \hline \end{array}$

㉕ $\begin{array}{r} 167 \\ +\ 515 \\ \hline \end{array}$

㉖ $\begin{array}{r} 443 \\ +\ 227 \\ \hline \end{array}$

㉗ $\begin{array}{r} 769 \\ +\ 123 \\ \hline \end{array}$

04 받아올림이 한 번 있는 (세 자리 수)＋(세 자리 수)① B

○ 338＋124의 계산

338＋124＝462
300＋100＝400
30＋ 20＝ 50
8＋ 4＝ 12

① 백의 자리 계산: 300＋100＝400
② 십의 자리 계산: 30＋20＝50
③ 일의 자리 계산: 8＋4＝12
→ 400＋50＋12＝462

원리 비법 **백의 자리**부터 차례로 **더한 값을 더해** 줘!

□ 안에 알맞은 수를 써넣으세요.

❶ 202＋539＝□
200＋500＝□
0＋ 30＝□
2＋ 9＝□

❷ 757＋119＝□
700＋100＝□
50＋ 10＝□
7＋ 9＝□

❸ 505＋356＝□
500＋300＝□
0＋ 50＝□
5＋ 6＝□

❹ 631＋249＝□
600＋200＝□
30＋ 40＝□
1＋ 9＝□

❺ 121＋329＝□
100＋300＝□
20＋ 20＝□
1＋ 9＝□

❻ 814＋146＝□
800＋100＝□
10＋ 40＝□
4＋ 6＝□

정답 92쪽

공부한 날짜	맞힌 개수	걸린 시간
월 일	/27	분

덧셈을 하세요.

⑦ 776 + 216

⑭ 402 + 389

㉑ 874 + 107

⑧ 162 + 229

⑮ 517 + 375

㉒ 223 + 539

⑨ 612 + 369

⑯ 711 + 179

㉓ 302 + 439

⑩ 247 + 226

⑰ 802 + 178

㉔ 752 + 228

⑪ 618 + 305

⑱ 422 + 308

㉕ 673 + 217

⑫ 324 + 657

⑲ 833 + 129

㉖ 134 + 606

⑬ 569 + 315

⑳ 355 + 526

㉗ 527 + 106

05 받아올림이 한 번 있는 (세 자리 수)+(세 자리 수)② A

○ 471 + 262의 계산

$$\begin{array}{r} 4\,7\,1 \\ +\,2\,6\,2 \\ \hline 3 \end{array} \Rightarrow \begin{array}{r} ^{1} \\ 4\,7\,1 \\ +\,2\,6\,2 \\ \hline 3\,3 \end{array} \Rightarrow \begin{array}{r} ^{1} \\ 4\,7\,1 \\ +\,2\,6\,2 \\ \hline 7\,3\,3 \end{array}$$

1+2=3 7+6=13 1+4+2=7

➡ 70+60=130이므로 100을 백의 자리로 받아올림합니다.

원리 비법 합이 **10이거나 10보다 크면** 받아올림을 해!

덧셈을 하세요.

① $\begin{array}{r} 3\,7\,3 \\ +\,5\,6\,4 \\ \hline \end{array}$

② $\begin{array}{r} 6\,1\,3 \\ +\,2\,9\,4 \\ \hline \end{array}$

③ $\begin{array}{r} 1\,7\,0 \\ +\,1\,6\,7 \\ \hline \end{array}$

④ $\begin{array}{r} 2\,2\,2 \\ +\,1\,9\,5 \\ \hline \end{array}$

⑤ $\begin{array}{r} 7\,1\,1 \\ +\,1\,9\,7 \\ \hline \end{array}$

⑥ $\begin{array}{r} 3\,5\,4 \\ +\,3\,6\,4 \\ \hline \end{array}$

⑦ $\begin{array}{r} 1\,4\,7 \\ +\,2\,7\,0 \\ \hline \end{array}$

⑧ $\begin{array}{r} 5\,8\,5 \\ +\,2\,4\,2 \\ \hline \end{array}$

⑨ $\begin{array}{r} 2\,2\,2 \\ +\,6\,9\,2 \\ \hline \end{array}$

⑩ $\begin{array}{r} 4\,7\,0 \\ +\,3\,6\,3 \\ \hline \end{array}$

⑪ $\begin{array}{r} 5\,9\,4 \\ +\,3\,3\,3 \\ \hline \end{array}$

⑫ $\begin{array}{r} 5\,5\,6 \\ +\,1\,6\,2 \\ \hline \end{array}$

정답 93쪽

공부한 날짜	맞힌 개수	걸린 시간
월 일	/27	분

덧셈을 하세요.

⑬ $\begin{array}{r} 550 \\ +\ 365 \\ \hline \end{array}$

⑭ $\begin{array}{r} 185 \\ +\ 631 \\ \hline \end{array}$

⑮ $\begin{array}{r} 260 \\ +\ 167 \\ \hline \end{array}$

⑯ $\begin{array}{r} 572 \\ +\ 160 \\ \hline \end{array}$

⑰ $\begin{array}{r} 226 \\ +\ 193 \\ \hline \end{array}$

⑱ $\begin{array}{r} 350 \\ +\ 176 \\ \hline \end{array}$

⑲ $\begin{array}{r} 652 \\ +\ 272 \\ \hline \end{array}$

⑳ $\begin{array}{r} 620 \\ +\ 183 \\ \hline \end{array}$

㉑ $\begin{array}{r} 476 \\ +\ 360 \\ \hline \end{array}$

㉒ $\begin{array}{r} 140 \\ +\ 275 \\ \hline \end{array}$

㉓ $\begin{array}{r} 170 \\ +\ 162 \\ \hline \end{array}$

㉔ $\begin{array}{r} 445 \\ +\ 270 \\ \hline \end{array}$

㉕ $\begin{array}{r} 365 \\ +\ 453 \\ \hline \end{array}$

㉖ $\begin{array}{r} 163 \\ +\ 452 \\ \hline \end{array}$

㉗ $\begin{array}{r} 473 \\ +\ 350 \\ \hline \end{array}$

06 받아올림이 한 번 있는 (세 자리 수)+(세 자리 수)② B

○ 273+391의 계산

273+391=664
200+300=500
70+ 90=160
3+ 1= 4

① 백의 자리 계산: 200+300=500
② 십의 자리 계산: 70+90=160
③ 일의 자리 계산: 3+1=4
500+160+4=664

원리 비법 **백의 자리**부터 차례로 더한 값을 더해 줘!

☐ 안에 알맞은 수를 써넣으세요.

1 673+255=☐
600+200=☐
70+ 50=☐
3+ 5=☐

2 235+373=☐
200+300=☐
30+ 70=☐
5+ 3=☐

3 583+244=☐
500+200=☐
80+ 40=☐
3+ 4=☐

4 386+461=☐
300+400=☐
80+ 60=☐
6+ 1=☐

5 132+194=☐
100+100=☐
30+ 90=☐
2+ 4=☐

6 471+353=☐
400+300=☐
70+ 50=☐
1+ 3=☐

정답 93쪽

공부한 날짜	맞힌 개수	걸린 시간
월 일	/27	분

덧셈을 하세요.

⑦ 115 + 193

⑧ 553 + 171

⑨ 443 + 163

⑩ 637 + 271

⑪ 547 + 280

⑫ 795 + 150

⑬ 145 + 281

⑭ 352 + 566

⑮ 410 + 499

⑯ 283 + 424

⑰ 370 + 568

⑱ 127 + 591

⑲ 152 + 786

⑳ 374 + 163

㉑ 143 + 281

㉒ 685 + 261

㉓ 522 + 285

㉔ 360 + 367

㉕ 457 + 270

㉖ 217 + 692

㉗ 541 + 274

07 받아올림이 두 번 있는 (세 자리 수)＋(세 자리 수) A

358＋163의 계산

$$\begin{array}{r} {}^{1} \\ 358 \\ +\,163 \\ \hline 1 \end{array} \Rightarrow \begin{array}{r} {}^{1\,1} \\ 358 \\ +\,163 \\ \hline 21 \end{array} \Rightarrow \begin{array}{r} {}^{1\,1} \\ 358 \\ +\,163 \\ \hline 521 \end{array}$$

8＋3＝11 　 1＋5＋6＝12 　 1＋3＋1＝5

① 8＋3＝11이므로 십의 자리로 받아올림합니다.

② 10＋50＋60＝120이므로 백의 자리로 받아올림합니다.

원리 비법 각 자리의 계산에서 받아올림한 값과 **같이 더해 줘야** 해!

덧셈을 하세요.

❶ $\begin{array}{r} 448 \\ +\,824 \\ \hline \end{array}$

❷ $\begin{array}{r} 157 \\ +\,364 \\ \hline \end{array}$

❸ $\begin{array}{r} 319 \\ +\,702 \\ \hline \end{array}$

❹ $\begin{array}{r} 346 \\ +\,587 \\ \hline \end{array}$

❺ $\begin{array}{r} 715 \\ +\,456 \\ \hline \end{array}$

❻ $\begin{array}{r} 466 \\ +\,465 \\ \hline \end{array}$

❼ $\begin{array}{r} 875 \\ +\,542 \\ \hline \end{array}$

❽ $\begin{array}{r} 841 \\ +\,370 \\ \hline \end{array}$

❾ $\begin{array}{r} 846 \\ +\,271 \\ \hline \end{array}$

❿ $\begin{array}{r} 648 \\ +\,163 \\ \hline \end{array}$

⓫ $\begin{array}{r} 724 \\ +\,547 \\ \hline \end{array}$

⓬ $\begin{array}{r} 538 \\ +\,388 \\ \hline \end{array}$

정답 93쪽

공부한 날짜	맞힌 개수	걸린 시간
월 일	/27	분

덧셈을 하세요.

⑬ $\begin{array}{r} 873 \\ +\ 918 \\ \hline \end{array}$

⑭ $\begin{array}{r} 472 \\ +\ 841 \\ \hline \end{array}$

⑮ $\begin{array}{r} 765 \\ +\ 167 \\ \hline \end{array}$

⑯ $\begin{array}{r} 837 \\ +\ 981 \\ \hline \end{array}$

⑰ $\begin{array}{r} 659 \\ +\ 732 \\ \hline \end{array}$

⑱ $\begin{array}{r} 664 \\ +\ 654 \\ \hline \end{array}$

⑲ $\begin{array}{r} 666 \\ +\ 145 \\ \hline \end{array}$

⑳ $\begin{array}{r} 733 \\ +\ 593 \\ \hline \end{array}$

㉑ $\begin{array}{r} 792 \\ +\ 189 \\ \hline \end{array}$

㉒ $\begin{array}{r} 939 \\ +\ 152 \\ \hline \end{array}$

㉓ $\begin{array}{r} 238 \\ +\ 693 \\ \hline \end{array}$

㉔ $\begin{array}{r} 184 \\ +\ 637 \\ \hline \end{array}$

㉕ $\begin{array}{r} 948 \\ +\ 336 \\ \hline \end{array}$

㉖ $\begin{array}{r} 832 \\ +\ 980 \\ \hline \end{array}$

㉗ $\begin{array}{r} 578 \\ +\ 164 \\ \hline \end{array}$

08 받아올림이 두 번 있는 (세 자리 수)+(세 자리 수) B

○ 384+489의 계산

384+489=873
300+400=700
80+ 80=160
4+ 9= 13

① 백의 자리 계산: 300+400=700
② 십의 자리 계산: 80+80=160
③ 일의 자리 계산: 4+9=13
➡ 700+160+13=873

원리 비법 **백의 자리**부터 차례로 더한 값을 더해 줘!

□ 안에 알맞은 수를 써넣으세요.

❶ 475+971=□
400+900=□
70+ 70=□
5+ 1=□

❷ 652+663=□
600+600=□
50+ 60=□
2+ 3=□

❸ 265+366=□
200+300=□
60+ 60=□
5+ 6=□

❹ 684+127=□
600+100=□
80+ 20=□
4+ 7=□

❺ 328+963=□
300+900=□
20+ 60=□
8+ 3=□

❻ 747+581=□
700+500=□
40+ 80=□
7+ 1=□

정답 93쪽

공부한 날짜	맞힌 개수	걸린 시간
월 일	/27	분

덧셈을 하세요.

7. 756 + 177
8. 616 + 545
9. 457 + 917
10. 894 + 462
11. 399 + 512
12. 922 + 869
13. 993 + 125
14. 571 + 643
15. 646 + 645
16. 139 + 172
17. 699 + 219
18. 576 + 542
19. 625 + 636
20. 733 + 539
21. 774 + 158
22. 754 + 551
23. 436 + 857
24. 489 + 246
25. 484 + 842
26. 448 + 284
27. 567 + 771

09 받아올림이 세 번 있는 (세 자리 수)+(세 자리 수) A

○ 638+794의 계산

$$\begin{array}{r} {}^{1} \\ 638 \\ +\ 794 \\ \hline 2 \end{array} \quad \Rightarrow \quad \begin{array}{r} {}^{1\,1} \\ 638 \\ +\ 794 \\ \hline 32 \end{array} \quad \Rightarrow \quad \begin{array}{r} {}^{1\,1} \\ 638 \\ +\ 794 \\ \hline 1432 \end{array}$$

8+4=12 1+3+9=13 1+6+7=14

① 8+4=12이므로 십의 자리로 받아올림합니다.

② 10+30+90=120이므로 백의 자리로 받아올림합니다.

원리 비법 백의 자리에서 받아올림한 숫자는 **천의 자리**에 써 줘!

덧셈을 하세요.

① $\begin{array}{r} 437 \\ +\ 775 \\ \hline \end{array}$

② $\begin{array}{r} 128 \\ +\ 995 \\ \hline \end{array}$

③ $\begin{array}{r} 837 \\ +\ 384 \\ \hline \end{array}$

④ $\begin{array}{r} 255 \\ +\ 778 \\ \hline \end{array}$

⑤ $\begin{array}{r} 248 \\ +\ 983 \\ \hline \end{array}$

⑥ $\begin{array}{r} 791 \\ +\ 319 \\ \hline \end{array}$

⑦ $\begin{array}{r} 519 \\ +\ 799 \\ \hline \end{array}$

⑧ $\begin{array}{r} 966 \\ +\ 568 \\ \hline \end{array}$

⑨ $\begin{array}{r} 347 \\ +\ 975 \\ \hline \end{array}$

⑩ $\begin{array}{r} 675 \\ +\ 557 \\ \hline \end{array}$

⑪ $\begin{array}{r} 375 \\ +\ 757 \\ \hline \end{array}$

⑫ $\begin{array}{r} 165 \\ +\ 956 \\ \hline \end{array}$

정답 94쪽

공부한 날짜	맞힌 개수	걸린 시간
월 일	/27	분

덧셈을 하세요.

⑬ $\begin{array}{r} 164 \\ +\ 979 \\ \hline \end{array}$

⑭ $\begin{array}{r} 564 \\ +\ 647 \\ \hline \end{array}$

⑮ $\begin{array}{r} 339 \\ +\ 693 \\ \hline \end{array}$

⑯ $\begin{array}{r} 219 \\ +\ 994 \\ \hline \end{array}$

⑰ $\begin{array}{r} 482 \\ +\ 829 \\ \hline \end{array}$

⑱ $\begin{array}{r} 737 \\ +\ 476 \\ \hline \end{array}$

⑲ $\begin{array}{r} 284 \\ +\ 767 \\ \hline \end{array}$

⑳ $\begin{array}{r} 857 \\ +\ 476 \\ \hline \end{array}$

㉑ $\begin{array}{r} 638 \\ +\ 583 \\ \hline \end{array}$

㉒ $\begin{array}{r} 365 \\ +\ 856 \\ \hline \end{array}$

㉓ $\begin{array}{r} 474 \\ +\ 647 \\ \hline \end{array}$

㉔ $\begin{array}{r} 639 \\ +\ 693 \\ \hline \end{array}$

㉕ $\begin{array}{r} 539 \\ +\ 595 \\ \hline \end{array}$

㉖ $\begin{array}{r} 947 \\ +\ 375 \\ \hline \end{array}$

㉗ $\begin{array}{r} 774 \\ +\ 946 \\ \hline \end{array}$

10 받아올림이 세 번 있는 (세 자리 수)+(세 자리 수) B

○ 767+556의 계산

767+556=1323
700+500=1200
60+50=110
7+6=13

① 백의 자리 계산: 700+500=1200
② 십의 자리 계산: 60+50=110
③ 일의 자리 계산: 7+6=13
➡ 1200+110+13=1323

원리 비법 **백의 자리**부터 차례로 더한 값을 더해 줘!

□ 안에 알맞은 수를 써넣으세요.

❶ 384+848=□
300+800=□
80+40=□
4+8=□

❷ 692+529=□
600+500=□
90+20=□
2+9=□

❸ 848+385=□
800+300=□
40+80=□
8+5=□

❹ 773+839=□
700+800=□
70+30=□
3+9=□

❺ 146+987=□
100+900=□
40+80=□
6+7=□

❻ 493+918=□
400+900=□
90+10=□
3+8=□

정답 94쪽

공부한 날짜	맞힌 개수	걸린 시간
월 일	/27	분

덧셈을 하세요.

⑦ 948 + 386

⑧ 783 + 437

⑨ 428 + 684

⑩ 884 + 749

⑪ 239 + 872

⑫ 356 + 764

⑬ 473 + 739

⑭ 584 + 547

⑮ 528 + 883

⑯ 983 + 759

⑰ 138 + 887

⑱ 582 + 829

⑲ 629 + 492

⑳ 765 + 855

㉑ 237 + 996

㉒ 397 + 638

㉓ 684 + 648

㉔ 728 + 385

㉕ 674 + 947

㉖ 246 + 987

㉗ 873 + 768

01 받아내림이 없는 (세 자리 수) − (세 자리 수) A

○576 − 133의 계산

$$\begin{array}{r} 576 \\ -\ 133 \\ \hline 3 \end{array} \Rightarrow \begin{array}{r} 576 \\ -\ 133 \\ \hline 43 \end{array} \Rightarrow \begin{array}{r} 576 \\ -\ 133 \\ \hline 443 \end{array}$$

6 − 3 = 3 7 − 3 = 4 5 − 1 = 4

원리 비법 각 자리의 숫자를 맞추어 쓰고, **자리를 맞추어 빼야** 해!

뺄셈을 하세요.

❶ $\begin{array}{r} 883 \\ -\ 681 \\ \hline \end{array}$

❷ $\begin{array}{r} 974 \\ -\ 363 \\ \hline \end{array}$

❸ $\begin{array}{r} 484 \\ -\ 202 \\ \hline \end{array}$

❹ $\begin{array}{r} 785 \\ -\ 561 \\ \hline \end{array}$

❺ $\begin{array}{r} 648 \\ -\ 535 \\ \hline \end{array}$

❻ $\begin{array}{r} 267 \\ -\ 144 \\ \hline \end{array}$

❼ $\begin{array}{r} 474 \\ -\ 102 \\ \hline \end{array}$

❽ $\begin{array}{r} 384 \\ -\ 172 \\ \hline \end{array}$

❾ $\begin{array}{r} 993 \\ -\ 171 \\ \hline \end{array}$

❿ $\begin{array}{r} 594 \\ -\ 371 \\ \hline \end{array}$

⓫ $\begin{array}{r} 867 \\ -\ 234 \\ \hline \end{array}$

⓬ $\begin{array}{r} 292 \\ -\ 110 \\ \hline \end{array}$

정답 95쪽

공부한 날짜	맞힌 개수	걸린 시간
월 일	/27	분

빨셈을 하세요.

⑬
$$\begin{array}{r} 956 \\ -\ 545 \\ \hline \end{array}$$

⑭
$$\begin{array}{r} 758 \\ -\ 234 \\ \hline \end{array}$$

⑮
$$\begin{array}{r} 838 \\ -\ 336 \\ \hline \end{array}$$

⑯
$$\begin{array}{r} 349 \\ -\ 114 \\ \hline \end{array}$$

⑰
$$\begin{array}{r} 774 \\ -\ 642 \\ \hline \end{array}$$

⑱
$$\begin{array}{r} 649 \\ -\ 236 \\ \hline \end{array}$$

⑲
$$\begin{array}{r} 538 \\ -\ 215 \\ \hline \end{array}$$

⑳
$$\begin{array}{r} 448 \\ -\ 346 \\ \hline \end{array}$$

㉑
$$\begin{array}{r} 265 \\ -\ 133 \\ \hline \end{array}$$

㉒
$$\begin{array}{r} 549 \\ -\ 426 \\ \hline \end{array}$$

㉓
$$\begin{array}{r} 456 \\ -\ 314 \\ \hline \end{array}$$

㉔
$$\begin{array}{r} 884 \\ -\ 672 \\ \hline \end{array}$$

㉕
$$\begin{array}{r} 338 \\ -\ 216 \\ \hline \end{array}$$

㉖
$$\begin{array}{r} 957 \\ -\ 535 \\ \hline \end{array}$$

㉗
$$\begin{array}{r} 665 \\ -\ 142 \\ \hline \end{array}$$

02 받아내림이 없는 (세 자리 수) − (세 자리 수) B

○689 − 251의 계산

689 − 251 = 438
9 − 1 = 8
80 − 50 = 30
600 − 200 = 400

① 일의 자리 계산: 9 − 1 = 8
② 십의 자리 계산: 80 − 50 = 30
③ 백의 자리 계산: 600 − 200 = 400
➡ 400 + 30 + 8 = 438

원리 비법 **일의 자리**부터 차례로 **뺀 값을 더해** 줘!

□ 안에 알맞은 수를 써넣으세요.

❶ 856 − 154 = □
6 − 4 = □
50 − 50 = □
800 − 100 = □

❷ 229 − 117 = □
9 − 7 = □
20 − 10 = □
200 − 100 = □

❸ 948 − 626 = □
8 − 6 = □
40 − 20 = □
900 − 600 = □

❹ 593 − 481 = □
3 − 1 = □
90 − 80 = □
500 − 400 = □

❺ 793 − 640 = □
3 − 0 = □
90 − 40 = □
700 − 600 = □

❻ 392 − 270 = □
2 − 0 = □
90 − 70 = □
300 − 200 = □

정답 95쪽

공부한 날짜	맞힌 개수	걸린 시간
월 일	/27	분

빼셈을 하세요.

⑦ 429 − 327

⑧ 858 − 305

⑨ 539 − 227

⑩ 929 − 818

⑪ 239 − 127

⑫ 783 − 551

⑬ 692 − 320

⑭ 983 − 272

⑮ 748 − 236

⑯ 694 − 201

⑰ 249 − 126

⑱ 857 − 145

⑲ 375 − 263

⑳ 548 − 136

㉑ 639 − 126

㉒ 348 − 136

㉓ 529 − 316

㉔ 465 − 223

㉕ 293 − 161

㉖ 985 − 152

㉗ 776 − 652

03 받아내림이 한 번 있는 (세 자리 수)－(세 자리 수)① A

○572－134의 계산

$$\begin{array}{r} \overset{6\ 10}{5\,\cancel{7}\,2} \\ -\ 1\ 3\ 4 \\ \hline 8 \end{array} \Rightarrow \begin{array}{r} \overset{6\ 10}{5\,\cancel{7}\,2} \\ -\ 1\ 3\ 4 \\ \hline 3\ 8 \end{array} \Rightarrow \begin{array}{r} \overset{6\ 10}{5\,\cancel{7}\,2} \\ -\ 1\ 3\ 4 \\ \hline 4\ 3\ 8 \end{array}$$

12－4＝8　　6－3＝3　　5－1＝4

➡ 2에서 4를 뺄 수 없으므로 십의 자리에서 받아내림합니다.

원리 비법 같은 자리 숫자끼리 뺄 수 없을 때에는 **받아내림**을 해!

◆ 뺄셈을 하세요.

① $\begin{array}{r} 853 \\ -\ 305 \\ \hline \end{array}$

⑤ $\begin{array}{r} 251 \\ -\ 123 \\ \hline \end{array}$

⑨ $\begin{array}{r} 673 \\ -\ 246 \\ \hline \end{array}$

② $\begin{array}{r} 351 \\ -\ 234 \\ \hline \end{array}$

⑥ $\begin{array}{r} 950 \\ -\ 814 \\ \hline \end{array}$

⑩ $\begin{array}{r} 695 \\ -\ 276 \\ \hline \end{array}$

③ $\begin{array}{r} 570 \\ -\ 343 \\ \hline \end{array}$

⑦ $\begin{array}{r} 486 \\ -\ 339 \\ \hline \end{array}$

⑪ $\begin{array}{r} 464 \\ -\ 217 \\ \hline \end{array}$

④ $\begin{array}{r} 726 \\ -\ 408 \\ \hline \end{array}$

⑧ $\begin{array}{r} 388 \\ -\ 259 \\ \hline \end{array}$

⑫ $\begin{array}{r} 547 \\ -\ 128 \\ \hline \end{array}$

정답 95쪽

공부한 날짜	맞힌 개수	걸린 시간
월 일	/27	분

빨셈을 하세요.

⑬ $\begin{array}{r} 865 \\ -\ 147 \\ \hline \end{array}$

⑱ $\begin{array}{r} 594 \\ -\ 447 \\ \hline \end{array}$

㉓ $\begin{array}{r} 432 \\ -\ 314 \\ \hline \end{array}$

⑭ $\begin{array}{r} 684 \\ -\ 365 \\ \hline \end{array}$

⑲ $\begin{array}{r} 326 \\ -\ 108 \\ \hline \end{array}$

㉔ $\begin{array}{r} 934 \\ -\ 305 \\ \hline \end{array}$

⑮ $\begin{array}{r} 733 \\ -\ 406 \\ \hline \end{array}$

⑳ $\begin{array}{r} 481 \\ -\ 169 \\ \hline \end{array}$

㉕ $\begin{array}{r} 650 \\ -\ 409 \\ \hline \end{array}$

⑯ $\begin{array}{r} 593 \\ -\ 474 \\ \hline \end{array}$

㉑ $\begin{array}{r} 890 \\ -\ 649 \\ \hline \end{array}$

㉖ $\begin{array}{r} 351 \\ -\ 206 \\ \hline \end{array}$

⑰ $\begin{array}{r} 947 \\ -\ 128 \\ \hline \end{array}$

㉒ $\begin{array}{r} 283 \\ -\ 135 \\ \hline \end{array}$

㉗ $\begin{array}{r} 762 \\ -\ 214 \\ \hline \end{array}$

04 받아내림이 한 번 있는 (세 자리 수) − (세 자리 수)① B

436 − 118의 계산

436 − 118 = 318
16 − 8 = 8
20 − 10 = 10
400 − 100 = 300

① 일의 자리 계산: 16 − 8 = 8
② 십의 자리 계산: 20 − 10 = 10
③ 백의 자리 계산: 400 − 100 = 300
➡ 300 + 10 + 8 = 318

원리 비법 **일의 자리**부터 차례로 **뺀 값을 더해** 줘!

☐ 안에 알맞은 수를 써넣으세요.

❶ 362 − 117 = ☐
12 − 7 = ☐
50 − 10 = ☐
300 − 100 = ☐

❷ 821 − 503 = ☐
11 − 3 = ☐
10 − 0 = ☐
800 − 500 = ☐

❸ 273 − 145 = ☐
13 − 5 = ☐
60 − 40 = ☐
200 − 100 = ☐

❹ 737 − 319 = ☐
17 − 9 = ☐
20 − 10 = ☐
700 − 300 = ☐

❺ 536 − 219 = ☐
16 − 9 = ☐
20 − 10 = ☐
500 − 200 = ☐

❻ 960 − 741 = ☐
10 − 1 = ☐
50 − 40 = ☐
900 − 700 = ☐

정답 95쪽

공부한 날짜	맞힌 개수	걸린 시간
월 일	/27	분

빨셈을 하세요.

⑦ 377 − 148

⑧ 556 − 127

⑨ 470 − 258

⑩ 875 − 127

⑪ 295 − 167

⑫ 672 − 225

⑬ 592 − 165

⑭ 790 − 462

⑮ 640 − 518

⑯ 971 − 652

⑰ 773 − 125

⑱ 961 − 725

⑲ 453 − 306

⑳ 870 − 649

㉑ 925 − 309

㉒ 236 − 109

㉓ 525 − 308

㉔ 384 − 139

㉕ 864 − 216

㉖ 766 − 139

㉗ 443 − 225

05 받아내림이 한 번 있는 (세 자리 수) − (세 자리 수)② A

○ 475 − 193의 계산

$$\begin{array}{r} 475 \\ -\ 193 \\ \hline 2 \end{array} \Rightarrow \begin{array}{r} {\scriptstyle 3\ 10} \\ \not{4}75 \\ -\ 193 \\ \hline 82 \end{array} \Rightarrow \begin{array}{r} {\scriptstyle 3\ 10} \\ \not{4}75 \\ -\ 193 \\ \hline 282 \end{array}$$

5−3=2 17−9=8 3−1=2

➡ 70에서 90을 뺄 수 없으므로 백의 자리에서 받아내림합니다.

원리 비법 같은 자리 숫자끼리 뺄 수 없을 때에는 **받아내림**을 해!

◈ 뺄셈을 하세요.

❶ $\begin{array}{r} 883 \\ -\ 592 \\ \hline \end{array}$

❷ $\begin{array}{r} 324 \\ -\ 143 \\ \hline \end{array}$

❸ $\begin{array}{r} 627 \\ -\ 142 \\ \hline \end{array}$

❹ $\begin{array}{r} 843 \\ -\ 671 \\ \hline \end{array}$

❺ $\begin{array}{r} 438 \\ -\ 253 \\ \hline \end{array}$

❻ $\begin{array}{r} 626 \\ -\ 435 \\ \hline \end{array}$

❼ $\begin{array}{r} 554 \\ -\ 283 \\ \hline \end{array}$

❽ $\begin{array}{r} 729 \\ -\ 366 \\ \hline \end{array}$

❾ $\begin{array}{r} 952 \\ -\ 771 \\ \hline \end{array}$

❿ $\begin{array}{r} 868 \\ -\ 387 \\ \hline \end{array}$

⓫ $\begin{array}{r} 609 \\ -\ 417 \\ \hline \end{array}$

⓬ $\begin{array}{r} 459 \\ -\ 162 \\ \hline \end{array}$

정답 96쪽

공부한 날짜	맞힌 개수	걸린 시간
월 일	/27	분

빨셈을 하세요.

⑬
$$\begin{array}{r} 754 \\ -\ 281 \\ \hline \end{array}$$

⑭
$$\begin{array}{r} 447 \\ -\ 173 \\ \hline \end{array}$$

⑮
$$\begin{array}{r} 956 \\ -\ 685 \\ \hline \end{array}$$

⑯
$$\begin{array}{r} 928 \\ -\ 644 \\ \hline \end{array}$$

⑰
$$\begin{array}{r} 836 \\ -\ 361 \\ \hline \end{array}$$

⑱
$$\begin{array}{r} 818 \\ -\ 696 \\ \hline \end{array}$$

⑲
$$\begin{array}{r} 843 \\ -\ 391 \\ \hline \end{array}$$

⑳
$$\begin{array}{r} 455 \\ -\ 162 \\ \hline \end{array}$$

㉑
$$\begin{array}{r} 406 \\ -\ 185 \\ \hline \end{array}$$

㉒
$$\begin{array}{r} 605 \\ -\ 473 \\ \hline \end{array}$$

㉓
$$\begin{array}{r} 957 \\ -\ 475 \\ \hline \end{array}$$

㉔
$$\begin{array}{r} 859 \\ -\ 693 \\ \hline \end{array}$$

㉕
$$\begin{array}{r} 704 \\ -\ 582 \\ \hline \end{array}$$

㉖
$$\begin{array}{r} 705 \\ -\ 433 \\ \hline \end{array}$$

㉗
$$\begin{array}{r} 956 \\ -\ 762 \\ \hline \end{array}$$

06 받아내림이 한 번 있는 (세 자리 수) − (세 자리 수)② B

○ 725 − 361의 계산

725 − 361 = 364
5 − 1 = 4
120 − 60 = 60
600 − 300 = 300

① 일의 자리 계산: 5 − 1 = 4
② 십의 자리 계산: 120 − 60 = 60
③ 백의 자리 계산: 600 − 300 = 300
➡ 300 + 60 + 4 = 364

원리 비법 **일의 자리**부터 차례로 **뺀 값을 더해** 줘!

□ 안에 알맞은 수를 써넣으세요.

❶ 538 − 253 = □
8 − 3 = □
130 − 50 = □
400 − 200 = □

❷ 362 − 181 = □
2 − 1 = □
160 − 80 = □
200 − 100 = □

❸ 927 − 755 = □
7 − 5 = □
120 − 50 = □
800 − 700 = □

❹ 846 − 653 = □
6 − 3 = □
140 − 50 = □
700 − 600 = □

❺ 619 − 257 = □
9 − 7 = □
110 − 50 = □
500 − 200 = □

❻ 903 − 651 = □
3 − 1 = □
100 − 50 = □
800 − 600 = □

정답 96쪽

공부한 날짜	맞힌 개수	걸린 시간
월 일	/27	분

빼셈을 하세요.

7 818 − 535

8 846 − 571

9 925 − 651

10 654 − 473

11 726 − 252

12 502 − 181

13 444 − 171

14 942 − 461

15 953 − 472

16 472 − 291

17 434 − 252

18 732 − 451

19 402 − 121

20 814 − 691

21 407 − 212

22 589 − 398

23 585 − 394

24 737 − 251

25 777 − 486

26 337 − 164

27 908 − 496

07 받아내림이 두 번 있는 (세 자리 수) − (세 자리 수) A

621 − 237의 계산

$$\begin{array}{r} \overset{1\ 10}{6\ \not2\ 1} \\ -\ 2\ 3\ 7 \\ \hline 4 \end{array} \Rightarrow \begin{array}{r} \overset{5\ 11\ 10}{\not6\ \not2\ 1} \\ -\ 2\ 3\ 7 \\ \hline 8\ 4 \end{array} \Rightarrow \begin{array}{r} \overset{5\ 11\ 10}{\not6\ \not2\ 1} \\ -\ 2\ 3\ 7 \\ \hline 3\ 8\ 4 \end{array}$$

11 − 7 = 4, 11 − 3 = 8, 5 − 2 = 3

① 1에서 7을 뺄 수 없으므로 십의 자리에서 받아내림합니다.

② 10에서 30을 뺄 수 없으므로 백의 자리에서 받아내림합니다.

원리 비법 받아내림한 수는 원래 있던 수와 **더한 값에서 빼 줘야** 해!

뺄셈을 하세요.

① $\begin{array}{r} 402 \\ -\ 217 \\ \hline \end{array}$

② $\begin{array}{r} 361 \\ -\ 176 \\ \hline \end{array}$

③ $\begin{array}{r} 841 \\ -\ 576 \\ \hline \end{array}$

④ $\begin{array}{r} 613 \\ -\ 146 \\ \hline \end{array}$

⑤ $\begin{array}{r} 846 \\ -\ 367 \\ \hline \end{array}$

⑥ $\begin{array}{r} 734 \\ -\ 546 \\ \hline \end{array}$

⑦ $\begin{array}{r} 864 \\ -\ 287 \\ \hline \end{array}$

⑧ $\begin{array}{r} 955 \\ -\ 477 \\ \hline \end{array}$

⑨ $\begin{array}{r} 504 \\ -\ 396 \\ \hline \end{array}$

⑩ $\begin{array}{r} 623 \\ -\ 356 \\ \hline \end{array}$

⑪ $\begin{array}{r} 722 \\ -\ 256 \\ \hline \end{array}$

⑫ $\begin{array}{r} 373 \\ -\ 197 \\ \hline \end{array}$

정답 96쪽

공부한 날짜	맞힌 개수	걸린 시간
월 일	/27	분

빨셈을 하세요.

⑬
$$\begin{array}{r} 511 \\ -\ 326 \\ \hline \end{array}$$

⑭
$$\begin{array}{r} 952 \\ -\ 766 \\ \hline \end{array}$$

⑮
$$\begin{array}{r} 732 \\ -\ 466 \\ \hline \end{array}$$

⑯
$$\begin{array}{r} 831 \\ -\ 366 \\ \hline \end{array}$$

⑰
$$\begin{array}{r} 853 \\ -\ 485 \\ \hline \end{array}$$

⑱
$$\begin{array}{r} 625 \\ -\ 436 \\ \hline \end{array}$$

⑲
$$\begin{array}{r} 405 \\ -\ 186 \\ \hline \end{array}$$

⑳
$$\begin{array}{r} 362 \\ -\ 195 \\ \hline \end{array}$$

㉑
$$\begin{array}{r} 471 \\ -\ 285 \\ \hline \end{array}$$

㉒
$$\begin{array}{r} 944 \\ -\ 475 \\ \hline \end{array}$$

㉓
$$\begin{array}{r} 843 \\ -\ 656 \\ \hline \end{array}$$

㉔
$$\begin{array}{r} 514 \\ -\ 246 \\ \hline \end{array}$$

㉕
$$\begin{array}{r} 955 \\ -\ 686 \\ \hline \end{array}$$

㉖
$$\begin{array}{r} 603 \\ -\ 475 \\ \hline \end{array}$$

㉗
$$\begin{array}{r} 584 \\ -\ 395 \\ \hline \end{array}$$

08 받아내림이 두 번 있는 (세 자리 수) − (세 자리 수) B

○ 831 − 272의 계산

831 − 272 = 559	① 일의 자리 계산: 11 − 2 = 9
11 − 2 = 9	② 십의 자리 계산: 120 − 70 = 50
120 − 70 = 50	③ 백의 자리 계산: 700 − 200 = 500
700 − 200 = 500	➡ 500 + 50 + 9 = 559

원리 비법 **일의 자리**부터 차례로 **뺀 값을 더해** 줘!

□ 안에 알맞은 수를 써넣으세요.

❶
617 − 259 = □
17 − 9 = □
100 − 50 = □
500 − 200 = □

❷
835 − 479 = □
15 − 9 = □
120 − 70 = □
700 − 400 = □

❸
508 − 149 = □
18 − 9 = □
90 − 40 = □
400 − 100 = □

❹
726 − 369 = □
16 − 9 = □
110 − 60 = □
600 − 300 = □

❺
944 − 589 = □
14 − 9 = □
130 − 80 = □
800 − 500 = □

❻
471 − 289 = □
11 − 9 = □
160 − 80 = □
300 − 200 = □

정답 96쪽

공부한 날짜	맞힌 개수	걸린 시간
월 일	/27	분

빨셈을 하세요.

⑦ 953 − 199

⑭ 588 − 399

㉑ 607 − 419

⑧ 825 − 639

⑮ 343 − 159

㉒ 934 − 749

⑨ 452 − 169

⑯ 561 − 279

㉓ 677 − 388

⑩ 706 − 498

⑰ 815 − 538

㉔ 924 − 648

⑪ 533 − 258

⑱ 642 − 168

㉕ 751 − 278

⑫ 867 − 388

⑲ 906 − 498

㉖ 515 − 138

⑬ 324 − 148

⑳ 433 − 258

㉗ 651 − 478

01 곱셈과 나눗셈의 관계 A

곱셈식을 나눗셈식으로 나타내기

$6 \times 4 = 24$ → $24 \div 6 = 4$, $24 \div 4 = 6$

→ $4 \times 6 = 24$의 식에서도 같은 2개의 나눗셈식을 만들 수 있습니다.

원리 비법 하나의 곱셈식에서 **2개의 나눗셈식**을 만들 수 있어!

□ 안에 알맞은 수를 써넣으세요.

1. $6 \times 3 = 18$ → $18 \div 6 = \square$, $18 \div 3 = \square$

2. $5 \times 8 = 40$ → $40 \div 5 = \square$, $40 \div 8 = \square$

3. $6 \times 9 = 54$ → $54 \div 6 = \square$, $54 \div 9 = \square$

4. $4 \times 5 = 20$ → $20 \div 4 = \square$, $20 \div 5 = \square$

5. $2 \times 5 = 10$ → $10 \div 2 = \square$, $10 \div 5 = \square$

6. $7 \times 5 = 35$ → $35 \div 7 = \square$, $35 \div 5 = \square$

7. $3 \times 6 = 18$ → $18 \div 3 = \square$, $18 \div 6 = \square$

8. $8 \times 6 = 48$ → $48 \div 8 = \square$, $48 \div 6 = \square$

정답 97쪽

공부한 날짜	맞힌 개수	걸린 시간
월 일	/18	분

☐ 안에 알맞은 수를 써넣으세요.

9. 8 × 4 = 32
   - ☐ ÷ 8 = ☐
   - ☐ ÷ 4 = ☐

10. 9 × 7 = 63
   - ☐ ÷ 9 = ☐
   - ☐ ÷ 7 = ☐

11. 2 × 7 = 14
   - ☐ ÷ 2 = ☐
   - ☐ ÷ 7 = ☐

12. 3 × 8 = 24
   - ☐ ÷ 3 = ☐
   - ☐ ÷ 8 = ☐

13. 9 × 5 = 45
   - ☐ ÷ 9 = ☐
   - ☐ ÷ 5 = ☐

14. 3 × 2 = 6
   - ☐ ÷ 3 = ☐
   - ☐ ÷ 2 = ☐

15. 4 × 8 = 32
   - ☐ ÷ 4 = ☐
   - ☐ ÷ 8 = ☐

16. 6 × 8 = 48
   - ☐ ÷ 6 = ☐
   - ☐ ÷ 8 = ☐

17. 5 × 3 = 15
   - ☐ ÷ 5 = ☐
   - ☐ ÷ 3 = ☐

18. 2 × 8 = 16
   - ☐ ÷ 2 = ☐
   - ☐ ÷ 8 = ☐

02 곱셈과 나눗셈의 관계 B

○ 나눗셈식을 곱셈식으로 나타내기

21 ÷ 7 = 3 → 7 × 3 = 21, 3 × 7 = 21

➡ 21 ÷ 3 = 7의 식에서도 같은 2개의 곱셈식을 만들 수 있습니다.

원리 비법 하나의 나눗셈식에서 **2개의 곱셈식**을 만들 수 있어!

□ 안에 알맞은 수를 써넣으세요.

1. 36 ÷ 4 = 9 → 4 × 9 = □, 9 × 4 = □

2. 18 ÷ 6 = 3 → 6 × 3 = □, 3 × 6 = □

3. 15 ÷ 5 = 3 → 5 × 3 = □, 3 × 5 = □

4. 24 ÷ 3 = 8 → 3 × 8 = □, 8 × 3 = □

5. 45 ÷ 9 = 5 → 9 × 5 = □, 5 × 9 = □

6. 8 ÷ 2 = 4 → 2 × 4 = □, 4 × 2 = □

7. 24 ÷ 6 = 4 → 6 × 4 = □, 4 × 6 = □

8. 10 ÷ 5 = 2 → 5 × 2 = □, 2 × 5 = □

정답 97쪽

공부한 날짜	맞힌 개수	걸린 시간
월 일	/18	분

□ 안에 알맞은 수를 써넣으세요.

9 20÷5=4
- □×4=□
- □×5=□

10 42÷7=6
- □×6=□
- □×7=□

11 27÷3=9
- □×9=□
- □×3=□

12 30÷6=5
- □×5=□
- □×6=□

13 16÷2=8
- □×8=□
- □×2=□

14 14÷2=7
- □×7=□
- □×2=□

15 18÷3=6
- □×6=□
- □×3=□

16 12÷4=3
- □×3=□
- □×4=□

17 28÷7=4
- □×4=□
- □×7=□

18 40÷8=5
- □×5=□
- □×8=□

03 나눗셈의 몫 구하기 A

○ 42 ÷ 6의 계산

$42 \div 6 = \boxed{7}$ → 몫

↓ ↑

$6 \times \boxed{7} = 42$

↳ 6의 단 곱셈구구

① 나누는 수가 6이므로 6의 단 곱셈구구를 이용합니다.
② 나누어지는 수가 42이므로 6의 단 곱셈구구에서 곱이 42가 되는 곱셈식을 찾습니다.
③ 6 × 7 = 42에서 곱하는 수는 7이므로 몫은 7입니다.

원리 비법 나눗셈의 **몫**은 곱셈식에서 **곱하는 수**와 같아!

□ 안에 알맞은 수를 써넣으세요.

❶ $24 \div 6 = \square$ ↓ ↑ $6 \times \square = 24$

❷ $35 \div 7 = \square$ ↓ ↑ $7 \times \square = 35$

❸ $32 \div 8 = \square$ ↓ ↑ $8 \times \square = 32$

❹ $45 \div 5 = \square$ ↓ ↑ $5 \times \square = 45$

❺ $48 \div 8 = \square$ ↓ ↑ $8 \times \square = 48$

❻ $14 \div 2 = \square$ ↓ ↑ $2 \times \square = 14$

❼ $12 \div 6 = \square$ ↓ ↑ $6 \times \square = 12$

❽ $27 \div 9 = \square$ ↓ ↑ $9 \times \square = 27$

❾ $21 \div 7 = \square$ ↓ ↑ $7 \times \square = 21$

❿ $36 \div 9 = \square$ ↓ ↑ $9 \times \square = 36$

⓫ $18 \div 6 = \square$ ↓ ↑ $6 \times \square = 18$

⓬ $24 \div 3 = \square$ ↓ ↑ $3 \times \square = 24$

정답 97쪽

공부한 날짜	맞힌 개수	걸린 시간
월 일	/33	분

나눗셈의 몫을 구하세요.

⑬ $12 \div 4$

⑭ $49 \div 7$

⑮ $18 \div 2$

⑯ $36 \div 6$

⑰ $12 \div 2$

⑱ $35 \div 5$

⑲ $18 \div 3$

⑳ $24 \div 8$

㉑ $16 \div 4$

㉒ $72 \div 8$

㉓ $72 \div 9$

㉔ $56 \div 7$

㉕ $9 \div 3$

㉖ $64 \div 8$

㉗ $25 \div 5$

㉘ $6 \div 3$

㉙ $15 \div 5$

㉚ $15 \div 3$

㉛ $8 \div 2$

㉜ $54 \div 6$

㉝ $6 \div 2$

01 (몇십)×(몇) A

30 × 5의 계산

$$3 \times 5 = 15$$
↓10배 ↓10배
$$30 \times 5 = 150$$

곱해지는 수가 10배가 되면 곱도 10배가 됩니다.

원리 비법 (몇)×(몇)의 계산 결과에 **0을 붙여**!

□ 안에 알맞은 수를 써넣으세요.

❶ 2 × 8 = □
↓10배 ↓10배
20 × 8 = □

❷ 3 × 6 = □
↓10배 ↓10배
30 × 6 = □

❸ 5 × 5 = □
↓10배 ↓10배
50 × 5 = □

❹ 4 × 4 = □
↓10배 ↓10배
40 × 4 = □

❺ 6 × 7 = □
↓10배 ↓10배
60 × 7 = □

❻ 9 × 8 = □
↓10배 ↓10배
90 × 8 = □

❼ 6 × 5 = □
↓10배 ↓10배
60 × 5 = □

❽ 3 × 8 = □
↓10배 ↓10배
30 × 8 = □

❾ 9 × 2 = □
↓10배 ↓10배
90 × 2 = □

❿ 4 × 3 = □
↓10배 ↓10배
40 × 3 = □

⓫ 7 × 8 = □
↓10배 ↓10배
70 × 8 = □

⓬ 8 × 6 = □
↓10배 ↓10배
80 × 6 = □

정답 98쪽

공부한 날짜	맞힌 개수	걸린 시간
월 일	/33	분

곱셈을 하세요.

⑬ 30×5

⑭ 50×6

⑮ 70×4

⑯ 60×6

⑰ 60×8

⑱ 80×9

⑲ 40×9

⑳ 80×5

㉑ 80×4

㉒ 30×3

㉓ 40×2

㉔ 80×3

㉕ 30×2

㉖ 90×5

㉗ 20×4

㉘ 40×7

㉙ 90×3

㉚ 60×4

㉛ 70×5

㉜ 80×2

㉝ 50×3

02 (몇십)×(몇) B

○ 20 × 6의 계산

$$\begin{array}{r} 20 \\ \times \quad 6 \\ \hline 0 \end{array} \Rightarrow \begin{array}{r} 20 \\ \times \quad 6 \\ \hline 120 \end{array}$$

0 × 6 = 0　　2 × 6 = 12

원리 비법 0에 어떤 수를 곱해도 **계산 결과는 0**이야!

곱셈을 하세요.

❶ $\begin{array}{r} 70 \\ \times \quad 6 \\ \hline \end{array}$

❷ $\begin{array}{r} 30 \\ \times \quad 7 \\ \hline \end{array}$

❸ $\begin{array}{r} 90 \\ \times \quad 4 \\ \hline \end{array}$

❹ $\begin{array}{r} 40 \\ \times \quad 5 \\ \hline \end{array}$

❺ $\begin{array}{r} 60 \\ \times \quad 8 \\ \hline \end{array}$

❻ $\begin{array}{r} 90 \\ \times \quad 3 \\ \hline \end{array}$

❼ $\begin{array}{r} 20 \\ \times \quad 2 \\ \hline \end{array}$

❽ $\begin{array}{r} 90 \\ \times \quad 6 \\ \hline \end{array}$

❾ $\begin{array}{r} 20 \\ \times \quad 9 \\ \hline \end{array}$

❿ $\begin{array}{r} 80 \\ \times \quad 8 \\ \hline \end{array}$

⓫ $\begin{array}{r} 60 \\ \times \quad 2 \\ \hline \end{array}$

⓬ $\begin{array}{r} 50 \\ \times \quad 7 \\ \hline \end{array}$

정답 98쪽

공부한 날짜	맞힌 개수	걸린 시간
월 일	/27	분

곱셈을 하세요.

⑬ $\begin{array}{r} 30 \\ \times \ \ 5 \\ \hline \end{array}$

⑭ $\begin{array}{r} 50 \\ \times \ \ 8 \\ \hline \end{array}$

⑮ $\begin{array}{r} 80 \\ \times \ \ 6 \\ \hline \end{array}$

⑯ $\begin{array}{r} 40 \\ \times \ \ 9 \\ \hline \end{array}$

⑰ $\begin{array}{r} 60 \\ \times \ \ 6 \\ \hline \end{array}$

⑱ $\begin{array}{r} 60 \\ \times \ \ 4 \\ \hline \end{array}$

⑲ $\begin{array}{r} 40 \\ \times \ \ 7 \\ \hline \end{array}$

⑳ $\begin{array}{r} 70 \\ \times \ \ 2 \\ \hline \end{array}$

㉑ $\begin{array}{r} 90 \\ \times \ \ 7 \\ \hline \end{array}$

㉒ $\begin{array}{r} 50 \\ \times \ \ 6 \\ \hline \end{array}$

㉓ $\begin{array}{r} 20 \\ \times \ \ 5 \\ \hline \end{array}$

㉔ $\begin{array}{r} 80 \\ \times \ \ 2 \\ \hline \end{array}$

㉕ $\begin{array}{r} 30 \\ \times \ \ 8 \\ \hline \end{array}$

㉖ $\begin{array}{r} 70 \\ \times \ \ 9 \\ \hline \end{array}$

㉗ $\begin{array}{r} 20 \\ \times \ \ 6 \\ \hline \end{array}$

03 올림이 없는 (몇십몇)×(몇) A

○ 32 × 3의 계산

$$\begin{array}{r} 32 \\ \times\ \ 3 \\ \hline 6 \end{array} \quad \Rightarrow \quad \begin{array}{r} 32 \\ \times\ \ 3 \\ \hline 96 \end{array}$$

2 × 3 = 6 　　 3 × 3 = 9

원리 비법 일의 자리와 십의 자리를 **순서대로** 곱해!

곱셈을 하세요.

❶ $\begin{array}{r} 34 \\ \times\ \ 2 \\ \hline \end{array}$

❷ $\begin{array}{r} 42 \\ \times\ \ 2 \\ \hline \end{array}$

❸ $\begin{array}{r} 31 \\ \times\ \ 2 \\ \hline \end{array}$

❹ $\begin{array}{r} 23 \\ \times\ \ 3 \\ \hline \end{array}$

❺ $\begin{array}{r} 93 \\ \times\ \ 1 \\ \hline \end{array}$

❻ $\begin{array}{r} 72 \\ \times\ \ 1 \\ \hline \end{array}$

❼ $\begin{array}{r} 23 \\ \times\ \ 2 \\ \hline \end{array}$

❽ $\begin{array}{r} 21 \\ \times\ \ 3 \\ \hline \end{array}$

❾ $\begin{array}{r} 21 \\ \times\ \ 4 \\ \hline \end{array}$

❿ $\begin{array}{r} 22 \\ \times\ \ 3 \\ \hline \end{array}$

⓫ $\begin{array}{r} 69 \\ \times\ \ 1 \\ \hline \end{array}$

⓬ $\begin{array}{r} 33 \\ \times\ \ 3 \\ \hline \end{array}$

정답 98쪽

공부한 날짜	맞힌 개수	걸린 시간
월 일	/27	분

곱셈을 하세요.

⑬ $\begin{array}{r} 22 \\ \times\ \ 4 \\ \hline \end{array}$

⑭ $\begin{array}{r} 24 \\ \times\ \ 2 \\ \hline \end{array}$

⑮ $\begin{array}{r} 44 \\ \times\ \ 2 \\ \hline \end{array}$

⑯ $\begin{array}{r} 32 \\ \times\ \ 3 \\ \hline \end{array}$

⑰ $\begin{array}{r} 41 \\ \times\ \ 2 \\ \hline \end{array}$

⑱ $\begin{array}{r} 75 \\ \times\ \ 1 \\ \hline \end{array}$

⑲ $\begin{array}{r} 22 \\ \times\ \ 2 \\ \hline \end{array}$

⑳ $\begin{array}{r} 55 \\ \times\ \ 1 \\ \hline \end{array}$

㉑ $\begin{array}{r} 62 \\ \times\ \ 1 \\ \hline \end{array}$

㉒ $\begin{array}{r} 21 \\ \times\ \ 2 \\ \hline \end{array}$

㉓ $\begin{array}{r} 32 \\ \times\ \ 2 \\ \hline \end{array}$

㉔ $\begin{array}{r} 31 \\ \times\ \ 3 \\ \hline \end{array}$

㉕ $\begin{array}{r} 33 \\ \times\ \ 2 \\ \hline \end{array}$

㉖ $\begin{array}{r} 86 \\ \times\ \ 1 \\ \hline \end{array}$

㉗ $\begin{array}{r} 43 \\ \times\ \ 2 \\ \hline \end{array}$

04 올림이 없는 (몇십몇)×(몇) B

○ 41 × 2의 계산

$$\begin{array}{r} 40 \times 2 = 80 \\ 1 \times 2 = \ \ 2 \\ \hline 41 \times 2 = 82 \end{array}$$

➡ 41을 40과 1로 나누어 곱한 후 두 곱을 더합니다.
80 + 2 = 82

원리 비법 몇십몇을 **몇십과 몇으로 나누어** 계산해!

☐ 안에 알맞은 수를 써넣으세요.

❶
20 × 4 = ☐
1 × 4 = ☐
21 × 4 = ☐

❷
20 × 4 = ☐
2 × 4 = ☐
22 × 4 = ☐

❸
80 × 1 = ☐
3 × 1 = ☐
83 × 1 = ☐

❹
20 × 1 = ☐
6 × 1 = ☐
26 × 1 = ☐

❺
70 × 1 = ☐
3 × 1 = ☐
73 × 1 = ☐

❻
90 × 1 = ☐
3 × 1 = ☐
93 × 1 = ☐

❼
20 × 3 = ☐
1 × 3 = ☐
21 × 3 = ☐

❽
30 × 3 = ☐
3 × 3 = ☐
33 × 3 = ☐

❾
30 × 2 = ☐
1 × 2 = ☐
31 × 2 = ☐

❿
40 × 1 = ☐
1 × 1 = ☐
41 × 1 = ☐

⓫
60 × 1 = ☐
4 × 1 = ☐
64 × 1 = ☐

⓬
40 × 2 = ☐
1 × 2 = ☐
41 × 2 = ☐

정답 98쪽

공부한 날짜	맞힌 개수	걸린 시간
월 일	/33	분

곱셈을 하세요.

⑬ 34 × 2

⑳ 22 × 3

㉗ 43 × 2

⑭ 32 × 2

㉑ 88 × 1

㉘ 47 × 1

⑮ 21 × 2

㉒ 42 × 2

㉙ 32 × 3

⑯ 23 × 3

㉓ 23 × 2

㉚ 98 × 1

⑰ 44 × 1

㉔ 62 × 1

㉛ 31 × 3

⑱ 22 × 2

㉕ 44 × 2

㉜ 33 × 2

⑲ 37 × 1

㉖ 78 × 1

㉝ 56 × 1

05 올림이 한 번 있는 (몇십몇)×(몇)① A

○63 × 2의 계산

$$\begin{array}{r} 63 \\ \times \quad 2 \\ \hline 6 \end{array} \quad 3 \times 2 = 6 \qquad \Rightarrow \qquad \begin{array}{r} 63 \\ \times \quad 2 \\ \hline 126 \end{array} \quad 6 \times 2 = 12$$

원리 비법 일의 자리와 십의 자리를 **순서대로** 곱해!

곱셈을 하세요.

❶ $\begin{array}{r} 31 \\ \times \quad 8 \\ \hline \end{array}$

❷ $\begin{array}{r} 53 \\ \times \quad 3 \\ \hline \end{array}$

❸ $\begin{array}{r} 42 \\ \times \quad 4 \\ \hline \end{array}$

❹ $\begin{array}{r} 21 \\ \times \quad 7 \\ \hline \end{array}$

❺ $\begin{array}{r} 62 \\ \times \quad 3 \\ \hline \end{array}$

❻ $\begin{array}{r} 21 \\ \times \quad 6 \\ \hline \end{array}$

❼ $\begin{array}{r} 72 \\ \times \quad 3 \\ \hline \end{array}$

❽ $\begin{array}{r} 92 \\ \times \quad 2 \\ \hline \end{array}$

❾ $\begin{array}{r} 41 \\ \times \quad 6 \\ \hline \end{array}$

❿ $\begin{array}{r} 83 \\ \times \quad 3 \\ \hline \end{array}$

⓫ $\begin{array}{r} 93 \\ \times \quad 3 \\ \hline \end{array}$

⓬ $\begin{array}{r} 52 \\ \times \quad 2 \\ \hline \end{array}$

정답 99쪽

공부한 날짜	맞힌 개수	걸린 시간
월 일	/27	분

곱셈을 하세요.

⑬ $\begin{array}{r} 52 \\ \times \quad 4 \\ \hline \end{array}$

⑭ $\begin{array}{r} 73 \\ \times \quad 3 \\ \hline \end{array}$

⑮ $\begin{array}{r} 32 \\ \times \quad 4 \\ \hline \end{array}$

⑯ $\begin{array}{r} 82 \\ \times \quad 3 \\ \hline \end{array}$

⑰ $\begin{array}{r} 51 \\ \times \quad 7 \\ \hline \end{array}$

⑱ $\begin{array}{r} 41 \\ \times \quad 9 \\ \hline \end{array}$

⑲ $\begin{array}{r} 63 \\ \times \quad 3 \\ \hline \end{array}$

⑳ $\begin{array}{r} 92 \\ \times \quad 3 \\ \hline \end{array}$

㉑ $\begin{array}{r} 21 \\ \times \quad 9 \\ \hline \end{array}$

㉒ $\begin{array}{r} 82 \\ \times \quad 2 \\ \hline \end{array}$

㉓ $\begin{array}{r} 31 \\ \times \quad 5 \\ \hline \end{array}$

㉔ $\begin{array}{r} 51 \\ \times \quad 4 \\ \hline \end{array}$

㉕ $\begin{array}{r} 52 \\ \times \quad 3 \\ \hline \end{array}$

㉖ $\begin{array}{r} 64 \\ \times \quad 2 \\ \hline \end{array}$

㉗ $\begin{array}{r} 41 \\ \times \quad 3 \\ \hline \end{array}$

06 올림이 한 번 있는 (몇십몇)×(몇)① B

72 × 3의 계산

$$\begin{aligned} 70 \times 3 &= 210 \\ 2 \times 3 &= 6 \\ \hline 72 \times 3 &= 216 \end{aligned}$$

• 72를 70과 2로 나누어 곱한 후 두 곱을 더합니다.
210 + 6 = 216

원리 비법 몇십몇을 **몇십과 몇으로 나누어** 계산해!

□ 안에 알맞은 수를 써넣으세요.

❶
$30 \times 4 = \square$
$2 \times 4 = \square$
$32 \times 4 = \square$

❷
$70 \times 2 = \square$
$4 \times 2 = \square$
$74 \times 2 = \square$

❸
$60 \times 2 = \square$
$3 \times 2 = \square$
$63 \times 2 = \square$

❹
$90 \times 7 = \square$
$1 \times 7 = \square$
$91 \times 7 = \square$

❺
$90 \times 3 = \square$
$3 \times 3 = \square$
$93 \times 3 = \square$

❻
$80 \times 7 = \square$
$1 \times 7 = \square$
$81 \times 7 = \square$

❼
$80 \times 2 = \square$
$1 \times 2 = \square$
$81 \times 2 = \square$

❽
$70 \times 2 = \square$
$2 \times 2 = \square$
$72 \times 2 = \square$

❾
$50 \times 2 = \square$
$2 \times 2 = \square$
$52 \times 2 = \square$

❿
$40 \times 4 = \square$
$2 \times 4 = \square$
$42 \times 4 = \square$

⓫
$70 \times 4 = \square$
$2 \times 4 = \square$
$72 \times 4 = \square$

⓬
$60 \times 2 = \square$
$2 \times 2 = \square$
$62 \times 2 = \square$

정답 99쪽

공부한 날짜	맞힌 개수	걸린 시간
월 일	/33	분

곱셈을 하세요.

⑬ 43 × 3

⑭ 81 × 4

⑮ 64 × 2

⑯ 51 × 8

⑰ 72 × 3

⑱ 91 × 2

⑲ 73 × 3

⑳ 51 × 5

㉑ 62 × 4

㉒ 92 × 3

㉓ 93 × 2

㉔ 61 × 6

㉕ 42 × 3

㉖ 61 × 5

㉗ 62 × 3

㉘ 73 × 2

㉙ 51 × 2

㉚ 52 × 4

㉛ 91 × 5

㉜ 71 × 2

㉝ 63 × 3

07 올림이 한 번 있는 (몇십몇)×(몇)② A

○27 × 4의 계산

$$\begin{array}{r} {}^{2}\ \ \\ 2\ 7 \\ \times\ \ \ 4 \\ \hline 8 \end{array} \quad \Rightarrow \quad \begin{array}{r} {}^{2}\ \ \\ 2\ 7 \\ \times\ \ \ 4 \\ \hline 1\ 0\ 8 \end{array}$$

① 7 × 4 = 28이므로 20을 십의 자리로 올림합니다.
② 20 × 4 = 80에 올림한 20을 더합니다.

원리 비법 일의 자리와 십의 자리를 **순서대로** 곱해!

곱셈을 하세요.

❶ $\begin{array}{r} 36 \\ \times\ \ 3 \\ \hline \end{array}$

❷ $\begin{array}{r} 29 \\ \times\ \ 3 \\ \hline \end{array}$

❸ $\begin{array}{r} 26 \\ \times\ \ 2 \\ \hline \end{array}$

❹ $\begin{array}{r} 38 \\ \times\ \ 3 \\ \hline \end{array}$

❺ $\begin{array}{r} 46 \\ \times\ \ 2 \\ \hline \end{array}$

❻ $\begin{array}{r} 12 \\ \times\ \ 7 \\ \hline \end{array}$

❼ $\begin{array}{r} 15 \\ \times\ \ 6 \\ \hline \end{array}$

❽ $\begin{array}{r} 18 \\ \times\ \ 9 \\ \hline \end{array}$

❾ $\begin{array}{r} 19 \\ \times\ \ 6 \\ \hline \end{array}$

❿ $\begin{array}{r} 13 \\ \times\ \ 8 \\ \hline \end{array}$

⓫ $\begin{array}{r} 35 \\ \times\ \ 2 \\ \hline \end{array}$

⓬ $\begin{array}{r} 48 \\ \times\ \ 2 \\ \hline \end{array}$

정답 99쪽

공부한 날짜	맞힌 개수	걸린 시간
월 일	/27	분

곱셈을 하세요.

⑬ $\begin{array}{r} 18 \\ \times \quad 7 \\ \hline \end{array}$

⑭ $\begin{array}{r} 37 \\ \times \quad 3 \\ \hline \end{array}$

⑮ $\begin{array}{r} 14 \\ \times \quad 8 \\ \hline \end{array}$

⑯ $\begin{array}{r} 45 \\ \times \quad 2 \\ \hline \end{array}$

⑰ $\begin{array}{r} 16 \\ \times \quad 5 \\ \hline \end{array}$

⑱ $\begin{array}{r} 47 \\ \times \quad 2 \\ \hline \end{array}$

⑲ $\begin{array}{r} 13 \\ \times \quad 5 \\ \hline \end{array}$

⑳ $\begin{array}{r} 24 \\ \times \quad 3 \\ \hline \end{array}$

㉑ $\begin{array}{r} 28 \\ \times \quad 3 \\ \hline \end{array}$

㉒ $\begin{array}{r} 34 \\ \times \quad 3 \\ \hline \end{array}$

㉓ $\begin{array}{r} 27 \\ \times \quad 4 \\ \hline \end{array}$

㉔ $\begin{array}{r} 27 \\ \times \quad 2 \\ \hline \end{array}$

㉕ $\begin{array}{r} 49 \\ \times \quad 2 \\ \hline \end{array}$

㉖ $\begin{array}{r} 23 \\ \times \quad 4 \\ \hline \end{array}$

㉗ $\begin{array}{r} 18 \\ \times \quad 2 \\ \hline \end{array}$

08 올림이 한 번 있는 (몇십몇)×(몇)② B

○ 28 × 4의 계산

$20 \times 4 = 80$
$8 \times 4 = 32$
$28 \times 4 = 112$

• 28을 20과 8로 나누어 곱한 후 두 곱을 더합니다.
80 + 32 = 112

원리 비법 몇십몇을 **몇십과 몇으로 나누어** 계산해!

□ 안에 알맞은 수를 써넣으세요.

❶
$30 \times 2 = \square$
$6 \times 2 = \square$
$36 \times 2 = \square$

❷
$10 \times 6 = \square$
$3 \times 6 = \square$
$13 \times 6 = \square$

❸
$20 \times 2 = \square$
$7 \times 2 = \square$
$27 \times 2 = \square$

❹
$10 \times 9 = \square$
$7 \times 9 = \square$
$17 \times 9 = \square$

❺
$10 \times 4 = \square$
$9 \times 4 = \square$
$19 \times 4 = \square$

❻
$10 \times 4 = \square$
$7 \times 4 = \square$
$17 \times 4 = \square$

❼
$10 \times 9 = \square$
$2 \times 9 = \square$
$12 \times 9 = \square$

❽
$20 \times 4 = \square$
$3 \times 4 = \square$
$23 \times 4 = \square$

❾
$10 \times 4 = \square$
$6 \times 4 = \square$
$16 \times 4 = \square$

❿
$40 \times 2 = \square$
$6 \times 2 = \square$
$46 \times 2 = \square$

⓫
$10 \times 9 = \square$
$4 \times 9 = \square$
$14 \times 9 = \square$

⓬
$10 \times 9 = \square$
$6 \times 9 = \square$
$16 \times 9 = \square$

정답 99쪽

공부한 날짜	맞힌 개수	걸린 시간
월 일	/33	분

곱셈을 하세요.

⑬ 49×2

⑳ 18×3

㉗ 35×2

⑭ 13×4

㉑ 25×3

㉘ 15×4

⑮ 13×9

㉒ 38×2

㉙ 18×8

⑯ 13×7

㉓ 19×7

㉚ 24×3

⑰ 39×2

㉔ 26×2

㉛ 17×8

⑱ 12×8

㉕ 47×2

㉜ 15×9

⑲ 27×4

㉖ 18×6

㉝ 24×4

09 올림이 두 번 있는 (몇십몇)×(몇) A

54 × 9의 계산

$$\begin{array}{r} {}^{3} \\ 5\,4 \\ \times \quad 9 \\ \hline 6 \end{array} \Rightarrow \begin{array}{r} {}^{3} \\ 5\,4 \\ \times \quad 9 \\ \hline 4\,8\,6 \end{array}$$

① 4 × 9 = 36이므로 30을 십의 자리로 올림합니다.

② 50 × 9 = 450에 올림한 30을 더합니다.

원리 비법 일의 자리와 십의 자리를 **순서대로** 곱해!

곱셈을 하세요.

❶ $\begin{array}{r} 32 \\ \times \ 8 \\ \hline \end{array}$

❷ $\begin{array}{r} 92 \\ \times \ 9 \\ \hline \end{array}$

❸ $\begin{array}{r} 52 \\ \times \ 8 \\ \hline \end{array}$

❹ $\begin{array}{r} 68 \\ \times \ 8 \\ \hline \end{array}$

❺ $\begin{array}{r} 84 \\ \times \ 8 \\ \hline \end{array}$

❻ $\begin{array}{r} 23 \\ \times \ 8 \\ \hline \end{array}$

❼ $\begin{array}{r} 76 \\ \times \ 3 \\ \hline \end{array}$

❽ $\begin{array}{r} 73 \\ \times \ 4 \\ \hline \end{array}$

❾ $\begin{array}{r} 64 \\ \times \ 9 \\ \hline \end{array}$

❿ $\begin{array}{r} 93 \\ \times \ 7 \\ \hline \end{array}$

⓫ $\begin{array}{r} 49 \\ \times \ 4 \\ \hline \end{array}$

⓬ $\begin{array}{r} 86 \\ \times \ 4 \\ \hline \end{array}$

정답 100쪽

공부한 날짜	맞힌 개수	걸린 시간
월 일	/27	분

곱셈을 하세요.

⑬ $\begin{array}{r} 74 \\ \times \quad 5 \\ \hline \end{array}$

⑱ $\begin{array}{r} 28 \\ \times \quad 7 \\ \hline \end{array}$

㉓ $\begin{array}{r} 44 \\ \times \quad 5 \\ \hline \end{array}$

⑭ $\begin{array}{r} 34 \\ \times \quad 7 \\ \hline \end{array}$

⑲ $\begin{array}{r} 96 \\ \times \quad 6 \\ \hline \end{array}$

㉔ $\begin{array}{r} 62 \\ \times \quad 5 \\ \hline \end{array}$

⑮ $\begin{array}{r} 89 \\ \times \quad 3 \\ \hline \end{array}$

⑳ $\begin{array}{r} 95 \\ \times \quad 6 \\ \hline \end{array}$

㉕ $\begin{array}{r} 25 \\ \times \quad 9 \\ \hline \end{array}$

⑯ $\begin{array}{r} 36 \\ \times \quad 8 \\ \hline \end{array}$

㉑ $\begin{array}{r} 77 \\ \times \quad 7 \\ \hline \end{array}$

㉖ $\begin{array}{r} 58 \\ \times \quad 6 \\ \hline \end{array}$

⑰ $\begin{array}{r} 55 \\ \times \quad 6 \\ \hline \end{array}$

㉒ $\begin{array}{r} 47 \\ \times \quad 5 \\ \hline \end{array}$

㉗ $\begin{array}{r} 87 \\ \times \quad 8 \\ \hline \end{array}$

10 올림이 두 번 있는 (몇십몇)×(몇) B

63 × 5의 계산

$$60 \times 5 = 300$$
$$3 \times 5 = 15$$
$$63 \times 5 = 315$$

• 63을 60과 3으로 나누어 곱한 후 두 곱을 더합니다.
300 + 15 = 315

원리 비법 몇십몇을 **몇십과 몇으로 나누어** 계산해!

□ 안에 알맞은 수를 써넣으세요.

❶
$60 \times 9 = \square$
$2 \times 9 = \square$
$62 \times 9 = \square$

❷
$40 \times 9 = \square$
$5 \times 9 = \square$
$45 \times 9 = \square$

❸
$70 \times 5 = \square$
$7 \times 5 = \square$
$77 \times 5 = \square$

❹
$30 \times 5 = \square$
$8 \times 5 = \square$
$38 \times 5 = \square$

❺
$90 \times 9 = \square$
$5 \times 9 = \square$
$95 \times 9 = \square$

❻
$60 \times 4 = \square$
$9 \times 4 = \square$
$69 \times 4 = \square$

❼
$20 \times 5 = \square$
$3 \times 5 = \square$
$23 \times 5 = \square$

❽
$70 \times 2 = \square$
$5 \times 2 = \square$
$75 \times 2 = \square$

❾
$80 \times 4 = \square$
$5 \times 4 = \square$
$85 \times 4 = \square$

❿
$90 \times 2 = \square$
$9 \times 2 = \square$
$99 \times 2 = \square$

⓫
$80 \times 4 = \square$
$7 \times 4 = \square$
$87 \times 4 = \square$

⓬
$50 \times 9 = \square$
$6 \times 9 = \square$
$56 \times 9 = \square$

정답 100쪽

공부한 날짜	맞힌 개수	걸린 시간
월 일	/33	분

곱셈을 하세요.

⑬ 48 × 7

⑳ 79 × 5

㉗ 33 × 4

⑭ 55 × 3

㉑ 25 × 6

㉘ 98 × 3

⑮ 64 × 3

㉒ 44 × 9

㉙ 86 × 9

⑯ 36 × 6

㉓ 88 × 8

㉚ 52 × 6

⑰ 54 × 7

㉔ 77 × 3

㉛ 66 × 7

⑱ 93 × 5

㉕ 84 × 5

㉜ 34 × 3

⑲ 27 × 7

㉖ 92 × 7

㉝ 49 × 7

01 cm와 mm가 있는 길이의 덧셈 A

2 cm 3 mm + 4 cm 8 mm의 계산

	1	
	2 cm	3 mm
+	4 cm	8 mm
		1 mm

→

	1	
	2 cm	3 mm
+	4 cm	8 mm
	7 cm	1 mm

① 3 mm + 8 mm = 11 mm이므로 10 mm를 1 cm로 받아올림합니다.

② 2 cm + 4 cm = 6 cm에 받아올림한 1 cm를 더합니다.

원리 비법 **10 mm는 1 cm야!**

계산을 하세요.

❶ 3 cm 5 mm + 7 cm 8 mm

❷ 1 cm 4 mm + 7 cm 7 mm

❸ 6 cm 6 mm + 6 cm 7 mm

❹ 1 cm 2 mm + 5 cm 9 mm

❺ 2 cm 3 mm + 4 cm 9 mm

❻ 5 cm 6 mm + 9 cm 6 mm

❼ 4 cm 9 mm + 5 cm 2 mm

❽ 7 cm 5 mm + 8 cm 6 mm

정답 101쪽

공부한 날짜	맞힌 개수	걸린 시간
월 일	/18	분

계산을 하세요.

⑨
$$\begin{array}{rrr} & 5\,\text{cm} & 9\,\text{mm} \\ + & 3\,\text{cm} & 3\,\text{mm} \\ \hline \end{array}$$

⑩
$$\begin{array}{rrr} & 7\,\text{cm} & 4\,\text{mm} \\ + & 7\,\text{cm} & 7\,\text{mm} \\ \hline \end{array}$$

⑪
$$\begin{array}{rrr} & 4\,\text{cm} & 5\,\text{mm} \\ + & 6\,\text{cm} & 6\,\text{mm} \\ \hline \end{array}$$

⑫
$$\begin{array}{rrr} & 2\,\text{cm} & 7\,\text{mm} \\ + & 8\,\text{cm} & 5\,\text{mm} \\ \hline \end{array}$$

⑬
$$\begin{array}{rrr} & 9\,\text{cm} & 8\,\text{mm} \\ + & 9\,\text{cm} & 4\,\text{mm} \\ \hline \end{array}$$

⑭
$$\begin{array}{rrr} & 9\,\text{cm} & 6\,\text{mm} \\ + & 7\,\text{cm} & 6\,\text{mm} \\ \hline \end{array}$$

⑮
$$\begin{array}{rrr} & 6\,\text{cm} & 8\,\text{mm} \\ + & 8\,\text{cm} & 5\,\text{mm} \\ \hline \end{array}$$

⑯
$$\begin{array}{rrr} & 1\,\text{cm} & 7\,\text{mm} \\ + & 1\,\text{cm} & 4\,\text{mm} \\ \hline \end{array}$$

⑰
$$\begin{array}{rrr} & 3\,\text{cm} & 7\,\text{mm} \\ + & 9\,\text{cm} & 6\,\text{mm} \\ \hline \end{array}$$

⑱
$$\begin{array}{rrr} & 8\,\text{cm} & 9\,\text{mm} \\ + & 3\,\text{cm} & 2\,\text{mm} \\ \hline \end{array}$$

02 cm와 mm가 있는 길이의 뺄셈 A

○ 7 cm 1 mm − 2 cm 4 mm의 계산

	6	10
	~~7~~ cm	1 mm
−	2 cm	4 mm
		7 mm

➡

	6	10
	~~7~~ cm	1 mm
−	2 cm	4 mm
	4 cm	7 mm

① 1 mm에서 4 mm를 뺄 수 없으므로 1 cm를 받아내림합니다.
② 6 cm − 2 cm를 계산합니다.

원리 비법 **1 cm는 10 mm야!**

계산을 하세요.

❶
  3 cm 5 mm
− 1 cm 8 mm

❷
  8 cm 5 mm
− 5 cm 7 mm

❸
  9 cm 4 mm
− 6 cm 9 mm

❹
  8 cm 4 mm
− 2 cm 8 mm

❺
  6 cm 3 mm
− 1 cm 8 mm

❻
  8 cm 3 mm
− 4 cm 9 mm

❼
  5 cm 4 mm
− 2 cm 7 mm

❽
  7 cm 4 mm
− 1 cm 7 mm

정답 101쪽

공부한 날짜	맞힌 개수	걸린 시간
월 일	/18	분

계산을 하세요.

9
$$\begin{array}{r} 8\text{ cm}\quad 6\text{ mm} \\ -\ 3\text{ cm}\quad 7\text{ mm} \\ \hline \end{array}$$

10
$$\begin{array}{r} 6\text{ cm}\quad 6\text{ mm} \\ -\ 2\text{ cm}\quad 7\text{ mm} \\ \hline \end{array}$$

11
$$\begin{array}{r} 7\text{ cm}\quad 3\text{ mm} \\ -\ 5\text{ cm}\quad 8\text{ mm} \\ \hline \end{array}$$

12
$$\begin{array}{r} 9\text{ cm}\quad 6\text{ mm} \\ -\ 5\text{ cm}\quad 7\text{ mm} \\ \hline \end{array}$$

13
$$\begin{array}{r} 9\text{ cm}\quad 3\text{ mm} \\ -\ 7\text{ cm}\quad 5\text{ mm} \\ \hline \end{array}$$

14
$$\begin{array}{r} 8\text{ cm}\quad 5\text{ mm} \\ -\ 6\text{ cm}\quad 7\text{ mm} \\ \hline \end{array}$$

15
$$\begin{array}{r} 5\text{ cm}\quad 3\text{ mm} \\ -\ 1\text{ cm}\quad 8\text{ mm} \\ \hline \end{array}$$

16
$$\begin{array}{r} 7\text{ cm}\quad 4\text{ mm} \\ -\ 4\text{ cm}\quad 8\text{ mm} \\ \hline \end{array}$$

17
$$\begin{array}{r} 8\text{ cm}\quad 2\text{ mm} \\ -\ 3\text{ cm}\quad 9\text{ mm} \\ \hline \end{array}$$

18
$$\begin{array}{r} 7\text{ cm}\quad 5\text{ mm} \\ -\ 5\text{ cm}\quad 8\text{ mm} \\ \hline \end{array}$$

03 km와 m가 있는 길이의 덧셈 A

○ 4 km 900 m + 8 km 600 m의 계산

	1	
	4 km	900 m
+	8 km	600 m
		500 m

➡

	1	
	4 km	900 m
+	8 km	600 m
	13 km	500 m

① 900 m + 600 m = 1500 m이므로 1000 m를 1 km로 받아올림합니다.

② 4 km + 8 km = 12 km에서 받아올림한 1 km를 더합니다.

원리 비법 **1000 m는 1 km야!**

계산을 하세요.

❶ 3 km 200 m + 7 km 900 m

❺ 4 km 700 m + 3 km 500 m

❷ 5 km 500 m + 8 km 700 m

❻ 1 km 300 m + 4 km 900 m

❸ 6 km 800 m + 1 km 600 m

❼ 8 km 400 m + 3 km 700 m

❹ 2 km 800 m + 7 km 600 m

❽ 7 km 300 m + 3 km 900 m

정답 101쪽

공부한 날짜	맞힌 개수	걸린 시간
월 일	/18	분

계산을 하세요.

⑨
$$\begin{array}{rrr} & 3\,\text{km} & 500\,\text{m} \\ + & 2\,\text{km} & 600\,\text{m} \\ \hline \end{array}$$

⑩
$$\begin{array}{rrr} & 7\,\text{km} & 600\,\text{m} \\ + & 6\,\text{km} & 600\,\text{m} \\ \hline \end{array}$$

⑪
$$\begin{array}{rrr} & 8\,\text{km} & 500\,\text{m} \\ + & 4\,\text{km} & 800\,\text{m} \\ \hline \end{array}$$

⑫
$$\begin{array}{rrr} & 1\,\text{km} & 500\,\text{m} \\ + & 6\,\text{km} & 800\,\text{m} \\ \hline \end{array}$$

⑬
$$\begin{array}{rrr} & 4\,\text{km} & 500\,\text{m} \\ + & 2\,\text{km} & 700\,\text{m} \\ \hline \end{array}$$

⑭
$$\begin{array}{rrr} & 5\,\text{km} & 700\,\text{m} \\ + & 2\,\text{km} & 500\,\text{m} \\ \hline \end{array}$$

⑮
$$\begin{array}{rrr} & 2\,\text{km} & 300\,\text{m} \\ + & 9\,\text{km} & 800\,\text{m} \\ \hline \end{array}$$

⑯
$$\begin{array}{rrr} & 9\,\text{km} & 600\,\text{m} \\ + & 5\,\text{km} & 800\,\text{m} \\ \hline \end{array}$$

⑰
$$\begin{array}{rrr} & 6\,\text{km} & 600\,\text{m} \\ + & 7\,\text{km} & 700\,\text{m} \\ \hline \end{array}$$

⑱
$$\begin{array}{rrr} & 3\,\text{km} & 300\,\text{m} \\ + & 8\,\text{km} & 800\,\text{m} \\ \hline \end{array}$$

04 km와 m가 있는 길이의 뺄셈 A

○ 6 km 300 m − 2 km 500 m의 계산

	5	1000
	~~6~~ km	300 m
−	2 km	500 m
		800 m

➡

	5	1000
	~~6~~ km	300 m
−	2 km	500 m
	3 km	800 m

① 300 m에서 500 m를 뺄 수 없으므로 1 km를 받아내림합니다.
② 5 km − 2 km를 계산합니다.

원리 비법 **1 km는 1000 m야!**

계산을 하세요.

❶
  4 km 500 m
− 2 km 700 m

❷
  8 km 100 m
− 6 km 700 m

❸
  6 km 500 m
− 1 km 800 m

❹
  7 km 500 m
− 5 km 700 m

❺
  6 km 200 m
− 3 km 900 m

❻
  9 km 600 m
− 4 km 800 m

❼
  8 km 300 m
− 1 km 900 m

❽
  7 km 600 m
− 4 km 900 m

정답 101쪽

공부한 날짜	맞힌 개수	걸린 시간
월 일	/18	분

계산을 하세요.

9
$$\begin{array}{rrr} & 7\,\text{km} & 300\,\text{m} \\ - & 3\,\text{km} & 900\,\text{m} \\ \hline \end{array}$$

10
$$\begin{array}{rrr} & 4\,\text{km} & 300\,\text{m} \\ - & 1\,\text{km} & 900\,\text{m} \\ \hline \end{array}$$

11
$$\begin{array}{rrr} & 9\,\text{km} & 300\,\text{m} \\ - & 2\,\text{km} & 800\,\text{m} \\ \hline \end{array}$$

12
$$\begin{array}{rrr} & 8\,\text{km} & 500\,\text{m} \\ - & 4\,\text{km} & 800\,\text{m} \\ \hline \end{array}$$

13
$$\begin{array}{rrr} & 8\,\text{km} & 300\,\text{m} \\ - & 3\,\text{km} & 800\,\text{m} \\ \hline \end{array}$$

14
$$\begin{array}{rrr} & 7\,\text{km} & 400\,\text{m} \\ - & 4\,\text{km} & 800\,\text{m} \\ \hline \end{array}$$

15
$$\begin{array}{rrr} & 9\,\text{km} & 200\,\text{m} \\ - & 6\,\text{km} & 900\,\text{m} \\ \hline \end{array}$$

16
$$\begin{array}{rrr} & 9\,\text{km} & 400\,\text{m} \\ - & 1\,\text{km} & 700\,\text{m} \\ \hline \end{array}$$

17
$$\begin{array}{rrr} & 8\,\text{km} & 700\,\text{m} \\ - & 2\,\text{km} & 900\,\text{m} \\ \hline \end{array}$$

18
$$\begin{array}{rrr} & 3\,\text{km} & 500\,\text{m} \\ - & 1\,\text{km} & 600\,\text{m} \\ \hline \end{array}$$

05 시간의 덧셈 A

ㅇ1시 16분 45초+2시간 32분 27초의 계산

		1	
	1시	16분	45초
+	2시간	32분	27초
			12초

➡

		1	
	1시	16분	45초
+	2시간	32분	27초
		49분	12초

➡

		1	
	1시	16분	45초
+	2시간	32분	27초
	3시	49분	12초

원리 비법 **60초=1분, 60분=1시간**

계산을 하세요.

❶
	5시	33분	16초
+	3시간	41분	22초

❷
	1시	26분	36초
+	2시간	32분	43초

❸
	3시	22분	27초
+	1시간	45분	11초

❹
	4시	44분	57초
+	2시간	12분	13초

❺
	7시간	52분	19초
+	1시간	33분	17초

❻
	6시간	37분	32초
+	2시간	58분	21초

❼
	8시간	12분	35초
+	1시간	15분	37초

❽
	2시간	36분	29초
+	2시간	20분	49초

정답 102쪽

공부한 날짜	맞힌 개수	걸린 시간
월 일	/22	분

계산을 하세요.

⑨ 5시 17분 33초+1시간 11분 48초

⑩ 2시 47분 43초+4시간 38분 13초

⑪ 4시 30분 44초+1시간 26분 48초

⑫ 8시 59분 11초+2시간 41분 29초

⑬ 3시 52분 22초+4시간 31분 15초

⑭ 7시 26분 17초+2시간 23분 54초

⑮ 1시 52분 27초+5시간 18분 25초

⑯ 1시 46분 24초+4시간 31분 22초

⑰ 6시 28분 25초+1시간 19분 56초

⑱ 3시 17분 16초+1시간 52분 24초

⑲ 2시 24분 18초+1시간 43분 36초

⑳ 7시 36분 32초+3시간 17분 44초

㉑ 8시 16분 45초+3시간 39분 45초

㉒ 4시 23분 52초+5시간 30분 55초

06 시간의 뺄셈 A

5시 39분 17초 − 3시간 14분 52초의 계산

		38	60
	5시	~~39~~분	17초
−	3시간	14분	52초
			25초

➡

		38	
	5시	~~39~~분	17초
−	3시간	14분	52초
		24분	25초

➡

		38	
	5시	~~39~~분	17초
−	3시간	14분	52초
	2시	24분	25초

원리 비법 **1분=60초, 1시간=60분**

계산을 하세요.

❶
	9시	26분	36초
−	7시간	47분	15초

❷
	4시	55분	25초
−	1시간	36분	44초

❸
	8시	57분	16초
−	7시간	26분	52초

❹
	5시	28분	37초
−	3시간	22분	39초

❺
	8시간	25분	54초
−	3시간	31분	47초

❻
	7시간	54분	38초
−	3시간	22분	49초

❼
	7시간	27분	43초
−	4시간	34분	15초

❽
	6시간	35분	46초
−	2시간	16분	55초

정답 102쪽

공부한 날짜	맞힌 개수	걸린 시간
월 일	/22	분

계산을 하세요.

⑨ 5시 32분 45초－3시간 57분 16초

⑩ 9시 45분 39초－2시간 47분 34초

⑪ 7시 21분 57초－5시간 46분 13초

⑫ 6시 15분 44초－3시간 29분 25초

⑬ 4시 48분 17초－1시간 52분 9초

⑭ 5시 21분 51초－1시간 58분 27초

⑮ 9시 34분 55초－3시간 52분 14초

⑯ 8시 11분 34초－5시 56분 11초

⑰ 5시 43분 19초－3시 32분 21초

⑱ 7시 43분 34초－5시 47분 24초

⑲ 8시 45분 42초－2시 56분 18초

⑳ 4시 27분 33초－2시 24분 48초

㉑ 9시 31분 34초－5시 24분 49초

㉒ 7시 19분 26초－1시 52분 12초

01 분수 알기

A

○ $\frac{1}{3}$ 만큼 알기

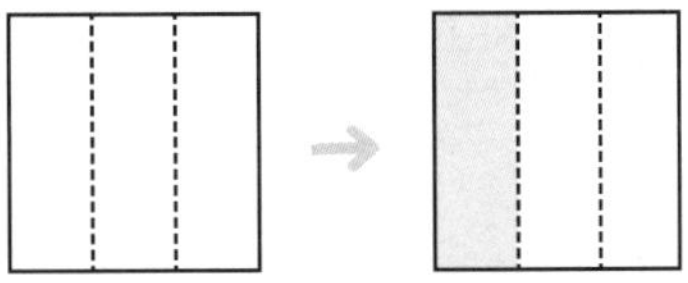

① 전체를 똑같이 3으로 나눕니다.

② 3으로 나눈 것 중의 1만큼 색칠합니다.

③ 색칠한 부분은 전체의 $\frac{1}{3}$입니다.

원리 비법 **색칠한 부분**과 **색칠하지 않은 부분**을 합하면 **전체**와 같아져!

□ 안에 알맞은 수를 써넣으세요.

❶

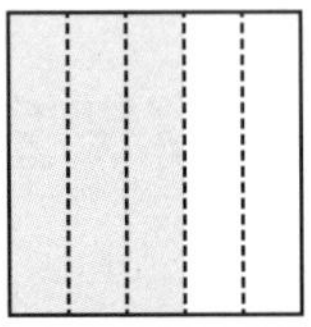

색칠한 부분은 전체를 똑같이 □로 나눈 것 중에 □이므로 전체의 $\frac{□}{□}$입니다.

❷

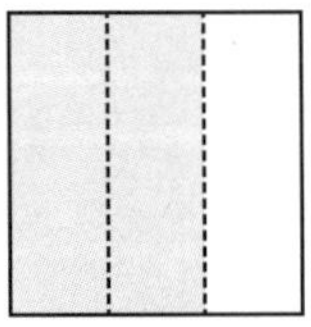

색칠한 부분은 전체를 똑같이 □으로 나눈 것 중에 □이므로 전체의 $\frac{□}{□}$입니다.

❸

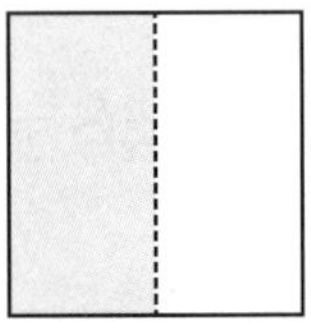

색칠한 부분은 전체를 똑같이 □로 나눈 것 중에 □이므로 전체의 $\frac{□}{□}$입니다.

❹

색칠한 부분은 전체를 똑같이 □으로 나눈 것 중에 □이므로 전체의 $\frac{□}{□}$입니다.

정답 103쪽

공부한 날짜	맞힌 개수	걸린 시간
월 일	/16	분

그림을 보고, 분수로 나타내세요.

5 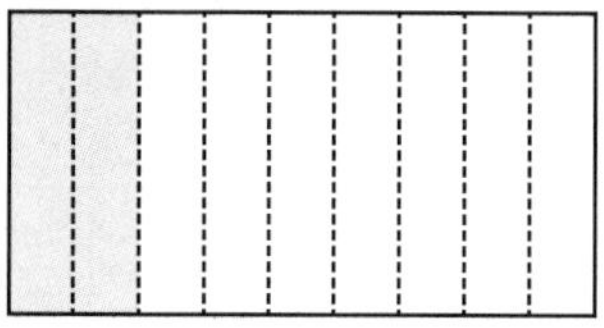 → $\frac{\square}{\square}$

6 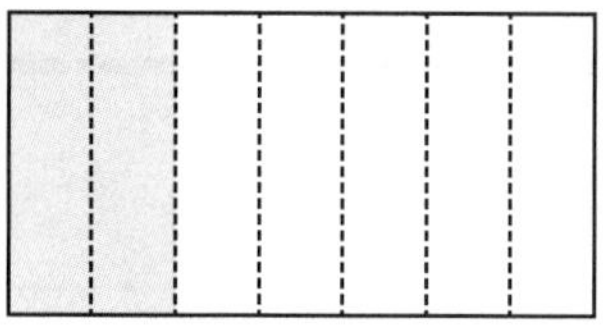 → $\frac{\square}{\square}$

7 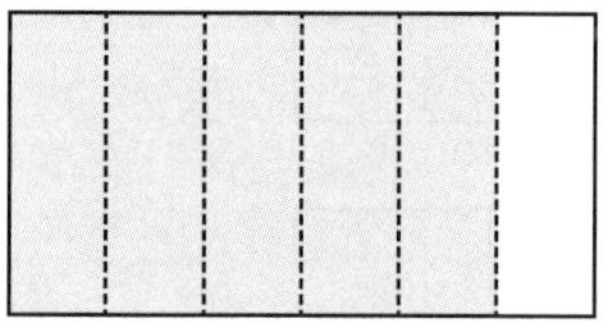 → $\frac{\square}{\square}$

8 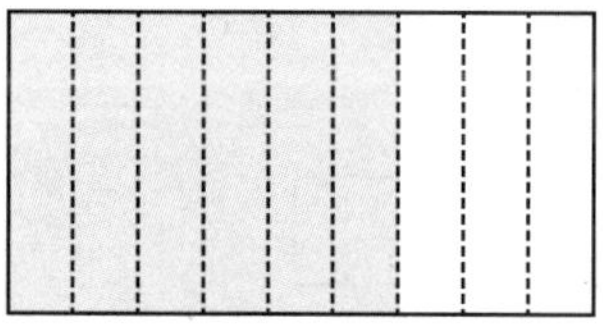 → $\frac{\square}{\square}$

9 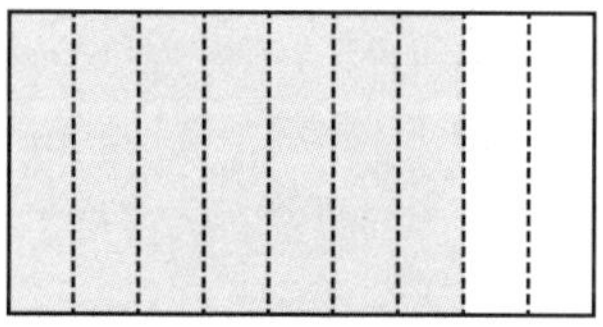 → $\frac{\square}{\square}$

10 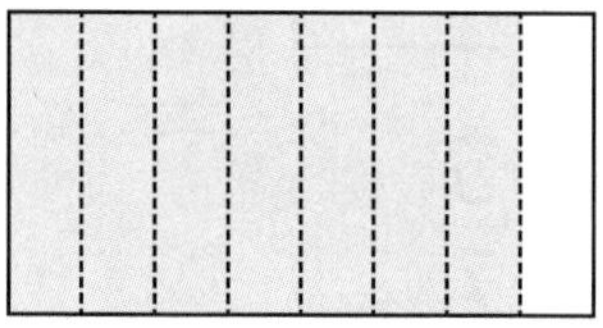 → $\frac{\square}{\square}$

11 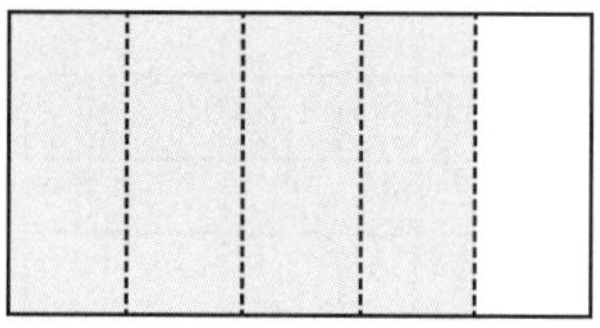 → $\frac{\square}{\square}$

12 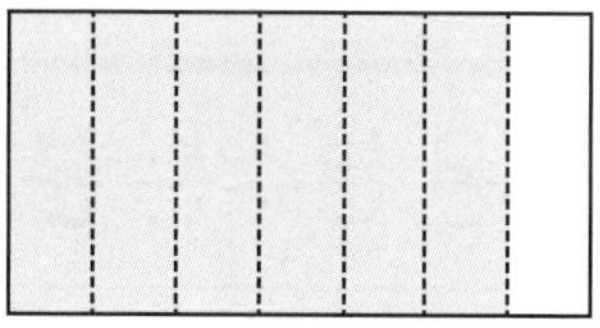 → $\frac{\square}{\square}$

13 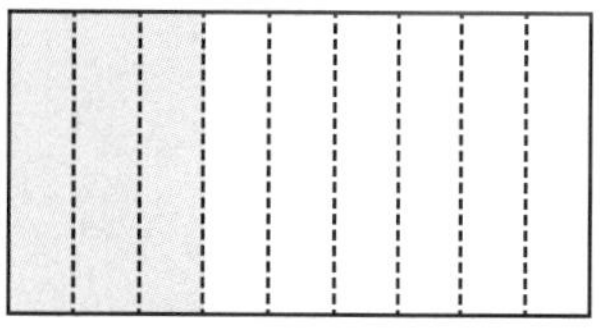 → $\frac{\square}{\square}$

14 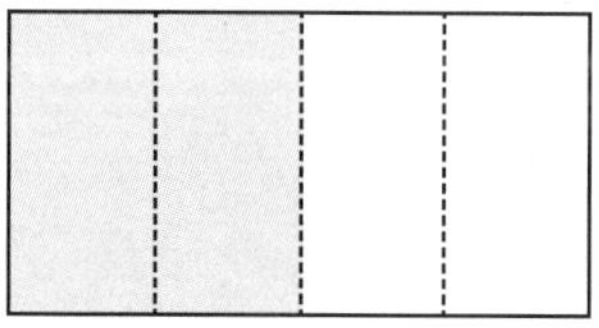 → $\frac{\square}{\square}$

15 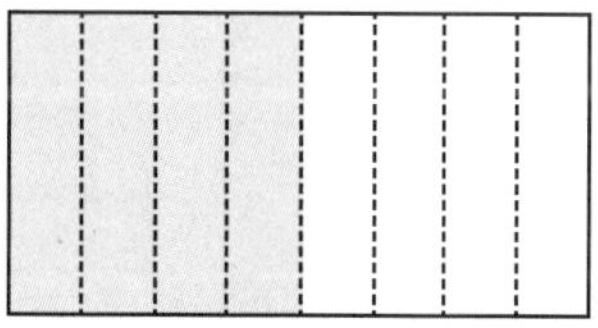 → $\frac{\square}{\square}$

16 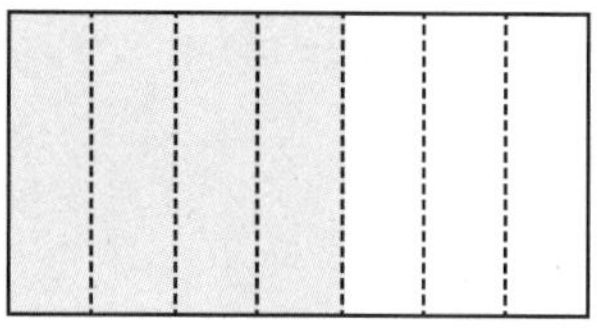 → $\frac{\square}{\square}$

02 분모가 같은 분수의 크기 비교 A

○ $\frac{5}{6}$와 $\frac{3}{6}$의 크기 비교

$\frac{5}{6}$ $\frac{3}{6}$

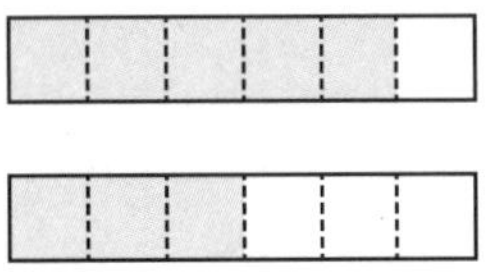

➡ $\frac{5}{6}$는 $\frac{1}{6}$이 5개

➡ $\frac{3}{6}$은 $\frac{1}{6}$이 3개

$\frac{5}{6} > \frac{3}{6}$

➡ 6개 중에 5개는 6개 중에 3개보다 크므로 $\frac{5}{6} > \frac{3}{6}$입니다.

원리 비법 분모가 같은 분수는 **분자가 클수록 큰 수**야!

◈ 그림을 보고 ○ 안에 >, <를 알맞게 써넣으세요.

❶ $\frac{2}{5}$, $\frac{4}{5}$

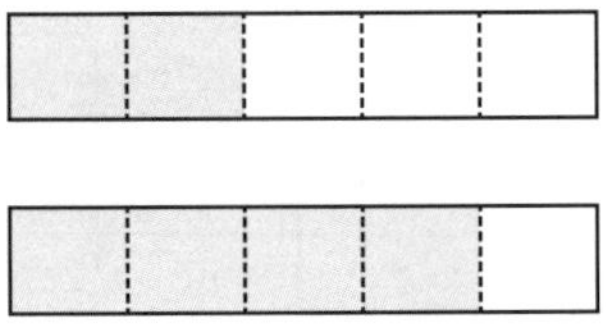

$\frac{2}{5}$ ○ $\frac{4}{5}$

❷ $\frac{2}{4}$, $\frac{3}{4}$

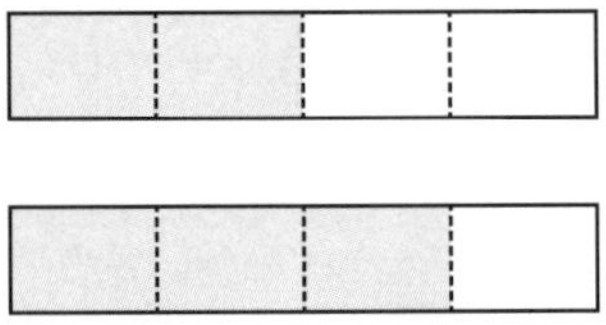

$\frac{2}{4}$ ○ $\frac{3}{4}$

❸ $\frac{6}{8}$, $\frac{1}{8}$

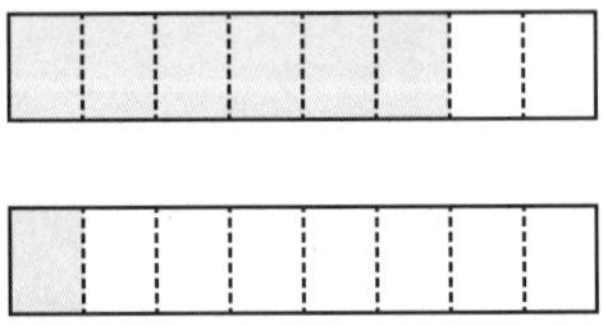

$\frac{6}{8}$ ○ $\frac{1}{8}$

❹ $\frac{2}{9}$, $\frac{4}{9}$

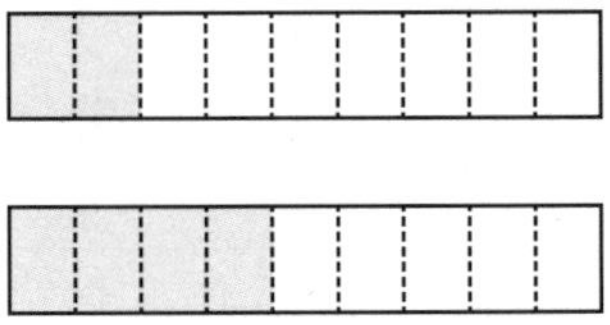

$\frac{2}{9}$ ○ $\frac{4}{9}$

❺ $\frac{5}{6}$, $\frac{1}{6}$

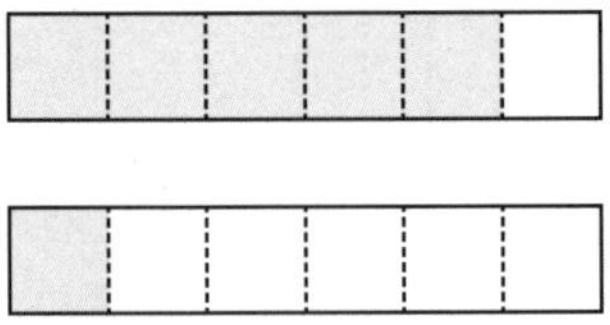

$\frac{5}{6}$ ○ $\frac{1}{6}$

❻ $\frac{3}{7}$, $\frac{5}{7}$

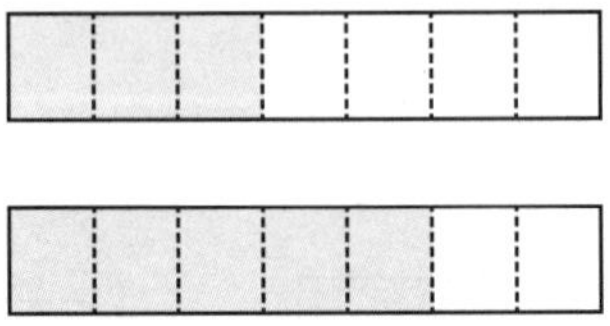

$\frac{3}{7}$ ○ $\frac{5}{7}$

정답 103쪽

공부한 날짜	맞힌 개수	걸린 시간
월 일	/24	분

○ 안에 >, <를 알맞게 써넣으세요.

7. $\frac{3}{10}$ ○ $\frac{5}{10}$

8. $\frac{1}{11}$ ○ $\frac{8}{11}$

9. $\frac{8}{9}$ ○ $\frac{6}{9}$

10. $\frac{2}{7}$ ○ $\frac{4}{7}$

11. $\frac{1}{7}$ ○ $\frac{6}{7}$

12. $\frac{8}{10}$ ○ $\frac{1}{10}$

13. $\frac{9}{11}$ ○ $\frac{3}{11}$

14. $\frac{2}{10}$ ○ $\frac{7}{10}$

15. $\frac{6}{11}$ ○ $\frac{4}{11}$

16. $\frac{4}{8}$ ○ $\frac{3}{8}$

17. $\frac{3}{9}$ ○ $\frac{1}{9}$

18. $\frac{2}{11}$ ○ $\frac{10}{11}$

19. $\frac{3}{6}$ ○ $\frac{2}{6}$

20. $\frac{1}{6}$ ○ $\frac{4}{6}$

21. $\frac{3}{5}$ ○ $\frac{1}{5}$

22. $\frac{5}{11}$ ○ $\frac{7}{11}$

23. $\frac{9}{10}$ ○ $\frac{4}{10}$

24. $\frac{2}{8}$ ○ $\frac{7}{8}$

03 단위분수의 크기 비교 A

○ $\frac{1}{2}$과 $\frac{1}{5}$의 크기 비교

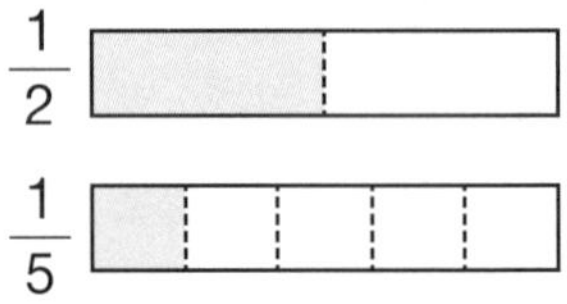

➡ $\frac{1}{2} \bigcirc\!\!\!\!\!> \frac{1}{5}$

➡ 2개 중에 1개는 5개 중에 1개보다 크므로 $\frac{1}{2} > \frac{1}{5}$입니다.

원리 비법 단위분수는 **분모가 작을수록 큰 수**야!

그림을 보고 ○ 안에 >, <를 알맞게 써넣으세요.

❶

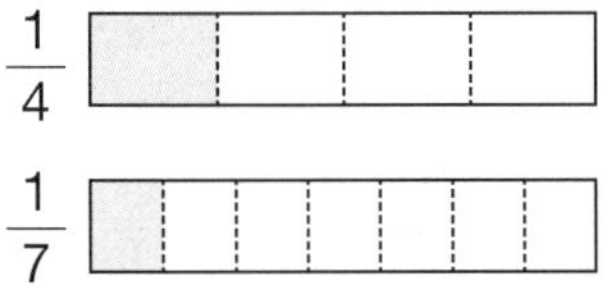

$\frac{1}{4} \bigcirc \frac{1}{7}$

❷

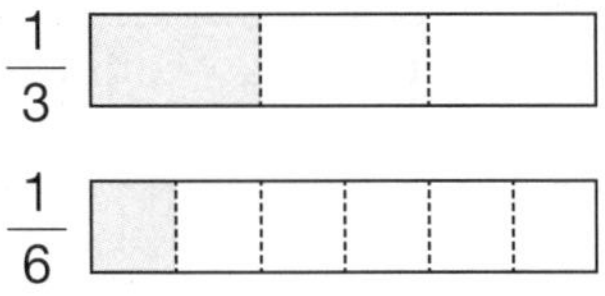

$\frac{1}{3} \bigcirc \frac{1}{6}$

❸

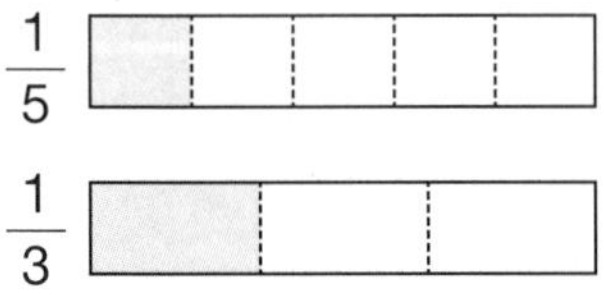

$\frac{1}{5} \bigcirc \frac{1}{3}$

❹

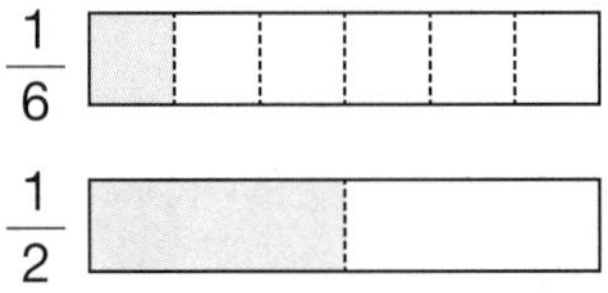

$\frac{1}{6} \bigcirc \frac{1}{2}$

❺

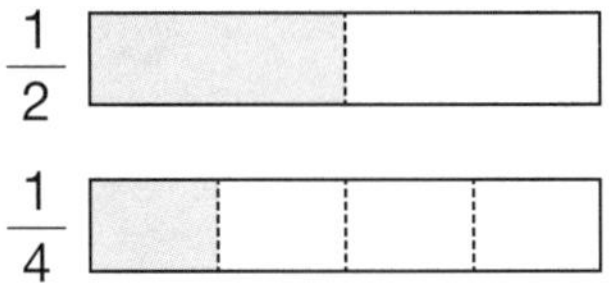

$\frac{1}{2} \bigcirc \frac{1}{4}$

❻

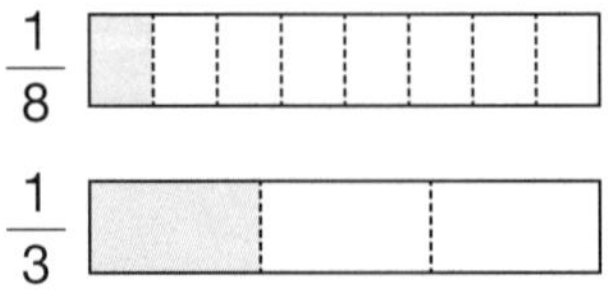

$\frac{1}{8} \bigcirc \frac{1}{3}$

정답 103쪽

공부한 날짜	맞힌 개수	걸린 시간
월 일	/24	분

○ 안에 >, <를 알맞게 써넣으세요.

7 $\frac{1}{4}$ ○ $\frac{1}{7}$

13 $\frac{1}{8}$ ○ $\frac{1}{2}$

19 $\frac{1}{2}$ ○ $\frac{1}{5}$

8 $\frac{1}{8}$ ○ $\frac{1}{3}$

14 $\frac{1}{5}$ ○ $\frac{1}{8}$

20 $\frac{1}{5}$ ○ $\frac{1}{4}$

9 $\frac{1}{7}$ ○ $\frac{1}{8}$

15 $\frac{1}{4}$ ○ $\frac{1}{3}$

21 $\frac{1}{2}$ ○ $\frac{1}{4}$

10 $\frac{1}{9}$ ○ $\frac{1}{8}$

16 $\frac{1}{2}$ ○ $\frac{1}{3}$

22 $\frac{1}{8}$ ○ $\frac{1}{6}$

11 $\frac{1}{2}$ ○ $\frac{1}{9}$

17 $\frac{1}{7}$ ○ $\frac{1}{2}$

23 $\frac{1}{5}$ ○ $\frac{1}{9}$

12 $\frac{1}{9}$ ○ $\frac{1}{7}$

18 $\frac{1}{2}$ ○ $\frac{1}{6}$

24 $\frac{1}{8}$ ○ $\frac{1}{4}$

04 소수 알기

A

분수와 소수 알기

0.1, 0.2, 0.3……과 같은 수를 소수라 하고 '.'을 소수점이라고 합니다.

분수	0	$\frac{1}{10}$	$\frac{2}{10}$	$\frac{3}{10}$	$\frac{4}{10}$	$\frac{5}{10}$	$\frac{6}{10}$	$\frac{7}{10}$	$\frac{8}{10}$	$\frac{9}{10}$	$1\left(=\frac{10}{10}\right)$
소수	0	0.1	0.2	0.3	0.4	0.5	0.6	0.7	0.8	0.9	1 (=1.0)

원리 비법 **같은 크기의 수**를 분수 또는 소수로 나타낼 수 있어!

수직선을 보고, 빈칸에 알맞은 분수나 소수를 써넣으세요.

1

분수	0	□	$\frac{2}{10}$	$\frac{3}{10}$	$\frac{4}{10}$	$\frac{5}{10}$	$\frac{6}{10}$	$\frac{7}{10}$	□	$\frac{9}{10}$	1
소수	0	0.1	0.2	□	0.4	0.5	□	0.7	0.8	□	1

2

분수	0	$\frac{1}{10}$	□	$\frac{3}{10}$	$\frac{4}{10}$	□	$\frac{6}{10}$	□	$\frac{8}{10}$	$\frac{9}{10}$	1
소수	0	□	0.2	0.3	□	0.5	0.6	0.7	0.8	0.9	1

3

분수	0	$\frac{1}{10}$	$\frac{2}{10}$	□	$\frac{4}{10}$	$\frac{5}{10}$	$\frac{6}{10}$	$\frac{7}{10}$	$\frac{8}{10}$	□	1
소수	0	0.1	□	0.3	0.4	□	0.6	□	0.8	0.9	1

정답 103쪽

공부한 날짜	맞힌 개수	걸린 시간
월 일	/17	분

□ 안에 알맞은 수를 써넣으세요.

❹ 0.1이 5개이면 □ 입니다.

❺ 0.1이 19개이면 □ 입니다.

❻ 0.1이 9개이면 □ 입니다.

❼ 0.1이 11개이면 □ 입니다.

❽ 0.1이 47개이면 □ 입니다.

❾ 0.1이 7개이면 □ 입니다.

❿ 0.1이 2개이면 □ 입니다.

⓫ 2.9는 0.1이 □ 개입니다.

⓬ 1.4는 0.1이 □ 개입니다.

⓭ 2.6은 0.1이 □ 개입니다.

⓮ 3.6은 0.1이 □ 개입니다.

⓯ 1.6은 0.1이 □ 개입니다.

⓰ 5.8은 0.1이 □ 개입니다.

⓱ 0.4는 0.1이 □ 개입니다.

05 소수의 크기 비교

A

0.3과 0.8의 크기 비교

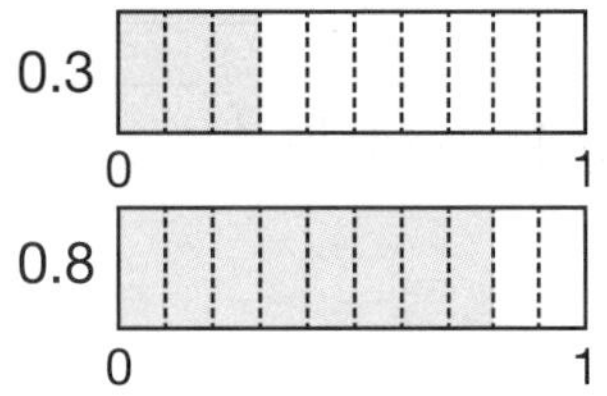

➡ 0.3은 0.1이 3개

➡ 0.8은 0.1이 8개

0.3 (<) 0.8

➡ 0.3은 0.1이 3개이고, 0.8은 0.1이 8개이므로 0.3<0.8입니다.

원리 비법 **0.1의 개수**가 **클수록 큰 수**야!

그림을 보고 ○ 안에 >, <를 알맞게 써넣으세요.

1

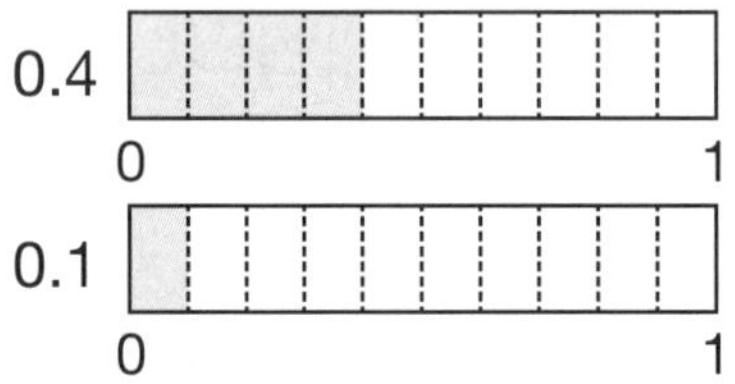

0.4 ○ 0.1

2

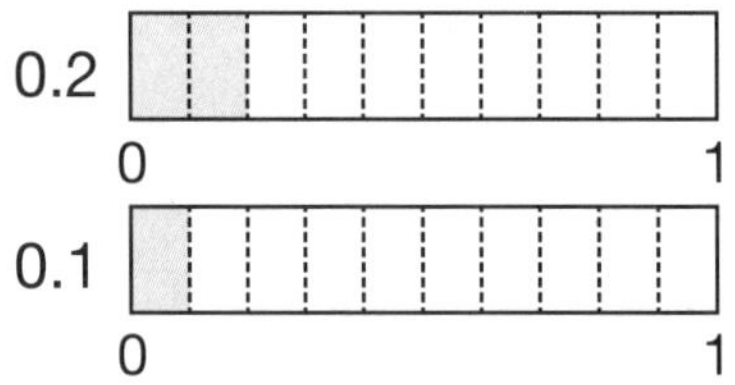

0.2 ○ 0.1

3

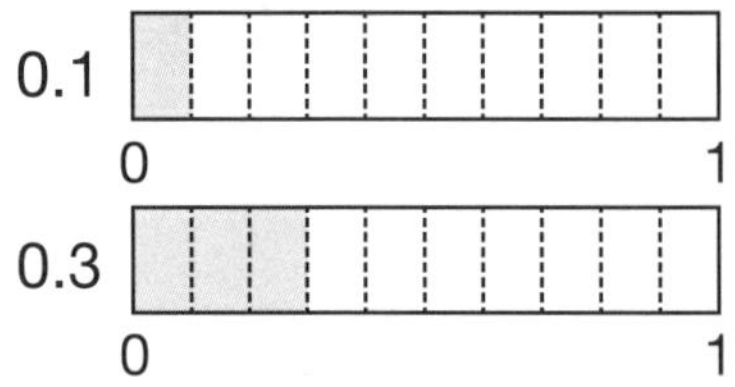

0.1 ○ 0.3

4

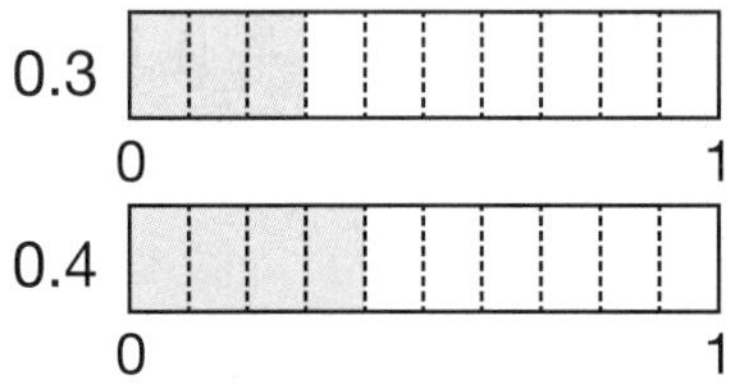

0.3 ○ 0.4

5

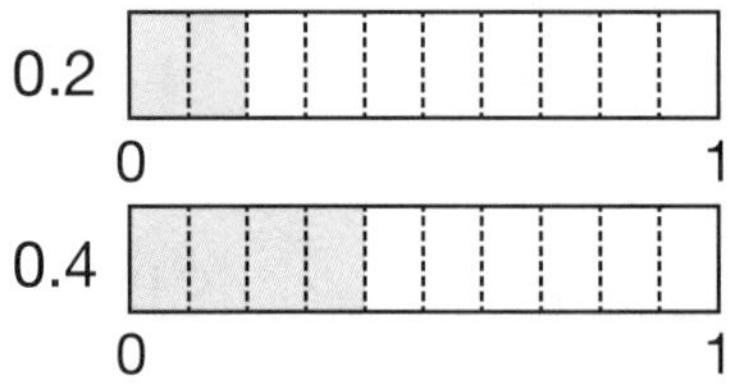

0.2 ○ 0.4

6

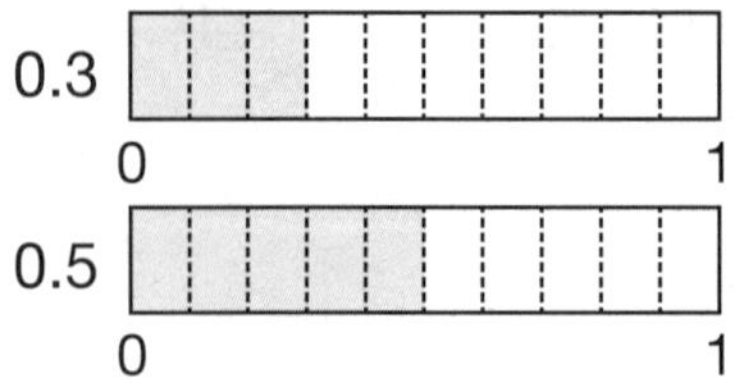

0.3 ○ 0.5

정답 104쪽

공부한 날짜	맞힌 개수	걸린 시간
월 일	/22	분

○ 안에 >, <를 알맞게 써넣으세요.

⑦ 0.8 ○ 0.9

⑧ 0.9 ○ 0.7

⑨ 0.5 ○ 0.9

⑩ 0.4 ○ 0.3

⑪ 0.1 ○ 0.9

⑫ 0.8 ○ 0.3

⑬ 0.4 ○ 0.9

⑭ 0.6 ○ 0.4

⑮ 0.6 ○ 0.1

⑯ 0.5 ○ 0.8

⑰ 0.4 ○ 0.1

⑱ 0.1 ○ 0.2

⑲ 0.2 ○ 0.4

⑳ 0.6 ○ 0.2

㉑ 0.2 ○ 0.9

㉒ 0.5 ○ 0.4

쌍둥이

최우수상

참 잘했어요!

이름 ______________

위 어린이는 쌍둥이 연산 노트 3학년 1학기 과정을

스스로 꾸준히 훌륭하게 마쳤습니다.

이에 칭찬하여 이 상장을 드립니다.

년 월 일

정답

초등 5단계

3·1 예습책

01 받아올림이 없는 (세 자리 수)+(세 자리 수) Ⓐ

6쪽

① 899	⑤ 377	⑨ 966
② 359	⑥ 997	⑩ 669
③ 998	⑦ 869	⑪ 899
④ 939	⑧ 998	⑫ 978

7쪽

⑬ 599	⑱ 788	㉓ 699
⑭ 579	⑲ 749	㉔ 998
⑮ 796	⑳ 896	㉕ 979
⑯ 699	㉑ 995	㉖ 599
⑰ 858	㉒ 939	㉗ 939

03 받아올림이 한 번 있는 (세 자리 수)+(세 자리 수)① Ⓐ

10쪽

① 470	⑤ 952	⑨ 490
② 994	⑥ 680	⑩ 882
③ 940	⑦ 671	⑪ 893
④ 781	⑧ 643	⑫ 990

11쪽

⑬ 634	⑱ 530	㉓ 881
⑭ 890	⑲ 980	㉔ 682
⑮ 943	⑳ 993	㉕ 682
⑯ 472	㉑ 781	㉖ 670
⑰ 872	㉒ 993	㉗ 892

02 받아올림이 없는 (세 자리 수)+(세 자리 수) Ⓑ

8쪽

① 959, 900, 50, 9	④ 699, 600, 90, 9
② 769, 700, 60, 9	⑤ 988, 900, 80, 8
③ 998, 900, 90, 8	⑥ 549, 500, 40, 9

9쪽

⑦ 799	⑭ 827	㉑ 699
⑧ 698	⑮ 999	㉒ 998
⑨ 876	⑯ 769	㉓ 799
⑩ 599	⑰ 895	㉔ 838
⑪ 857	⑱ 789	㉕ 738
⑫ 676	⑲ 969	㉖ 979
⑬ 998	⑳ 699	㉗ 977

04 받아올림이 한 번 있는 (세 자리 수)+(세 자리 수)① Ⓑ

12쪽

① 741, 700, 30, 11	④ 880, 800, 70, 10
② 876, 800, 60, 16	⑤ 450, 400, 40, 10
③ 861, 800, 50, 11	⑥ 960, 900, 50, 10

13쪽

⑦ 992	⑭ 791	㉑ 981
⑧ 391	⑮ 892	㉒ 762
⑨ 981	⑯ 890	㉓ 741
⑩ 473	⑰ 980	㉔ 980
⑪ 923	⑱ 730	㉕ 890
⑫ 981	⑲ 962	㉖ 740
⑬ 884	⑳ 881	㉗ 633

05 받아올림이 한 번 있는 (세 자리 수) + (세 자리 수)② A

14쪽

① 937 ⑤ 908 ⑨ 914
② 907 ⑥ 718 ⑩ 833
③ 337 ⑦ 417 ⑪ 927
④ 417 ⑧ 827 ⑫ 718

15쪽

⑬ 915 ⑱ 526 ㉓ 332
⑭ 816 ⑲ 924 ㉔ 715
⑮ 427 ⑳ 803 ㉕ 818
⑯ 732 ㉑ 836 ㉖ 615
⑰ 419 ㉒ 415 ㉗ 823

07 받아올림이 두 번 있는 (세 자리 수) + (세 자리 수) A

18쪽

① 1272 ⑤ 1171 ⑨ 1117
② 521 ⑥ 931 ⑩ 811
③ 1021 ⑦ 1417 ⑪ 1271
④ 933 ⑧ 1211 ⑫ 926

19쪽

⑬ 1791 ⑱ 1318 ㉓ 931
⑭ 1313 ⑲ 811 ㉔ 821
⑮ 932 ⑳ 1326 ㉕ 1284
⑯ 1818 ㉑ 981 ㉖ 1812
⑰ 1391 ㉒ 1091 ㉗ 742

06 받아올림이 한 번 있는 (세 자리 수) + (세 자리 수)② B

16쪽

① 928, 800, 120, 8 ④ 847, 700, 140, 7
② 608, 500, 100, 8 ⑤ 326, 200, 120, 6
③ 827, 700, 120, 7 ⑥ 824, 700, 120, 4

17쪽

⑦ 308 ⑭ 918 ㉑ 424
⑧ 724 ⑮ 909 ㉒ 946
⑨ 606 ⑯ 707 ㉓ 807
⑩ 908 ⑰ 938 ㉔ 727
⑪ 827 ⑱ 718 ㉕ 727
⑫ 945 ⑲ 938 ㉖ 909
⑬ 426 ⑳ 537 ㉗ 815

08 받아올림이 두 번 있는 (세 자리 수) + (세 자리 수) B

20쪽

① 1446, 1300, 140, 6 ④ 811, 700, 100, 11
② 1315, 1200, 110, 5 ⑤ 1291, 1200, 80, 11
③ 631, 500, 120, 11 ⑥ 1328, 1200, 120, 8

21쪽

⑦ 933 ⑭ 1214 ㉑ 932
⑧ 1161 ⑮ 1291 ㉒ 1305
⑨ 1374 ⑯ 311 ㉓ 1293
⑩ 1356 ⑰ 918 ㉔ 735
⑪ 911 ⑱ 1118 ㉕ 1326
⑫ 1791 ⑲ 1261 ㉖ 732
⑬ 1118 ⑳ 1272 ㉗ 1338

09 받아올림이 세 번 있는 (세 자리 수) + (세 자리 수) A

22쪽

① 1212 ⑤ 1231 ⑨ 1322
② 1123 ⑥ 1110 ⑩ 1232
③ 1221 ⑦ 1318 ⑪ 1132
④ 1033 ⑧ 1534 ⑫ 1121

23쪽

⑬ 1143 ⑱ 1213 ㉓ 1121
⑭ 1211 ⑲ 1051 ㉔ 1332
⑮ 1032 ⑳ 1333 ㉕ 1134
⑯ 1213 ㉑ 1221 ㉖ 1322
⑰ 1311 ㉒ 1221 ㉗ 1720

10 받아올림이 세 번 있는 (세 자리 수) + (세 자리 수) B

24쪽

① 1232, 1100, 120, 12
② 1221, 1100, 110, 11
③ 1233, 1100, 120, 13
④ 1612, 1500, 100, 12
⑤ 1133, 1000, 120, 13
⑥ 1411, 1300, 100, 11

25쪽

⑦ 1334 ⑭ 1131 ㉑ 1233
⑧ 1220 ⑮ 1411 ㉒ 1035
⑨ 1112 ⑯ 1742 ㉓ 1332
⑩ 1633 ⑰ 1025 ㉔ 1113
⑪ 1111 ⑱ 1411 ㉕ 1621
⑫ 1120 ⑲ 1121 ㉖ 1233
⑬ 1212 ⑳ 1620 ㉗ 1641

01 받아내림이 없는 (세 자리 수) - (세 자리 수) Ⓐ

26쪽

❶ 202	❺ 113	❾ 822
❷ 611	❻ 123	❿ 223
❸ 282	❼ 372	⓫ 633
❹ 224	❽ 212	⓬ 182

27쪽

⓭ 411	⓲ 413	㉓ 142
⓮ 524	⓳ 323	㉔ 212
⓯ 502	⓴ 102	㉕ 122
⓰ 235	㉑ 132	㉖ 422
⓱ 132	㉒ 123	㉗ 523

03 받아내림이 한 번 있는 (세 자리 수) - (세 자리 수)① Ⓐ

30쪽

❶ 548	❺ 128	❾ 427
❷ 117	❻ 136	❿ 419
❸ 227	❼ 147	⓫ 247
❹ 318	❽ 129	⓬ 419

31쪽

⓭ 718	⓲ 147	㉓ 118
⓮ 319	⓳ 218	㉔ 629
⓯ 327	⓴ 312	㉕ 241
⓰ 119	㉑ 241	㉖ 145
⓱ 819	㉒ 148	㉗ 548

02 받아내림이 없는 (세 자리 수) - (세 자리 수) Ⓑ

28쪽

❶ 702, 2, 0, 700	❹ 112, 2, 10, 100
❷ 112, 2, 10, 100	❺ 153, 3, 50, 100
❸ 322, 2, 20, 300	❻ 122, 2, 20, 100

29쪽

❼ 102	⓮ 711	㉑ 513
❽ 553	⓯ 512	㉒ 212
❾ 312	⓰ 493	㉓ 213
❿ 111	⓱ 123	㉔ 242
⓫ 112	⓲ 712	㉕ 132
⓬ 232	⓳ 112	㉖ 833
⓭ 372	⓴ 412	㉗ 124

04 받아내림이 한 번 있는 (세 자리 수) - (세 자리 수)① Ⓑ

32쪽

❶ 245, 5, 40, 200	❹ 418, 8, 10, 400
❷ 318, 8, 10, 300	❺ 317, 7, 10, 300
❸ 128, 8, 20, 100	❻ 219, 9, 10, 200

33쪽

❼ 229	⓮ 328	㉑ 616
❽ 429	⓯ 122	㉒ 127
❾ 212	⓰ 319	㉓ 217
❿ 748	⓱ 648	㉔ 245
⓫ 128	⓲ 236	㉕ 648
⓬ 447	⓳ 147	㉖ 627
⓭ 427	⓴ 221	㉗ 218

05 받아내림이 한 번 있는 (세 자리 수) − (세 자리 수)② Ⓐ

34쪽

① 291	⑤ 185	⑨ 181
② 181	⑥ 191	⑩ 481
③ 485	⑦ 271	⑪ 192
④ 172	⑧ 363	⑫ 297

35쪽

⑬ 473	⑱ 122	㉓ 482
⑭ 274	⑲ 452	㉔ 166
⑮ 271	⑳ 293	㉕ 122
⑯ 284	㉑ 221	㉖ 272
⑰ 475	㉒ 132	㉗ 194

06 받아내림이 한 번 있는 (세 자리 수) − (세 자리 수)② Ⓑ

36쪽

① 285, 5, 80, 200	④ 193, 3, 90, 100
② 181, 1, 80, 100	⑤ 362, 2, 60, 300
③ 172, 2, 70, 100	⑥ 252, 2, 50, 200

37쪽

⑦ 283	⑭ 481	㉑ 195
⑧ 275	⑮ 481	㉒ 191
⑨ 274	⑯ 181	㉓ 191
⑩ 181	⑰ 182	㉔ 486
⑪ 474	⑱ 281	㉕ 291
⑫ 321	⑲ 281	㉖ 173
⑬ 273	⑳ 123	㉗ 412

07 받아내림이 두 번 있는 (세 자리 수) − (세 자리 수) Ⓐ

38쪽

① 185	⑤ 479	⑨ 108
② 185	⑥ 188	⑩ 267
③ 265	⑦ 577	⑪ 466
④ 467	⑧ 478	⑫ 176

39쪽

⑬ 185	⑱ 189	㉓ 187
⑭ 186	⑲ 219	㉔ 268
⑮ 266	⑳ 167	㉕ 269
⑯ 465	㉑ 186	㉖ 128
⑰ 368	㉒ 469	㉗ 189

08 받아내림이 두 번 있는 (세 자리 수) − (세 자리 수) Ⓑ

40쪽

① 358, 8, 50, 300	④ 357, 7, 50, 300
② 356, 6, 50, 300	⑤ 355, 5, 50, 300
③ 359, 9, 50, 300	⑥ 182, 2, 80, 100

41쪽

⑦ 754	⑭ 189	㉑ 188
⑧ 186	⑮ 184	㉒ 185
⑨ 283	⑯ 282	㉓ 289
⑩ 208	⑰ 277	㉔ 276
⑪ 275	⑱ 474	㉕ 473
⑫ 479	⑲ 408	㉖ 377
⑬ 176	⑳ 175	㉗ 173

42쪽 01 곱셈과 나눗셈의 관계 A

❶ 3, 6
❷ 8, 5
❸ 9, 6
❹ 5, 4
❺ 5, 2
❻ 5, 7
❼ 6, 3
❽ 6, 8

43쪽

❾ 32, 4 / 32, 8
❿ 63, 7 / 63, 9
⓫ 14, 7 / 14, 2
⓬ 24, 8 / 24, 3
⓭ 45, 5 / 45, 9
⓮ 6, 2 / 6, 3
⓯ 32, 8 / 32, 4
⓰ 48, 8 / 48, 6
⓱ 15, 3 / 15, 5
⓲ 16, 8 / 16, 2

44쪽 02 곱셈과 나눗셈의 관계 B

❶ 36, 36
❷ 18, 18
❸ 15, 15
❹ 24, 24
❺ 45, 45
❻ 8, 8
❼ 24, 24
❽ 10, 10

45쪽

❾ 5, 20 / 4, 20
❿ 7, 42 / 6, 42
⓫ 3, 27 / 9, 27
⓬ 6, 30 / 5, 30
⓭ 2, 16 / 8, 16
⓮ 2, 14 / 7, 14
⓯ 3, 18 / 6, 18
⓰ 4, 12 / 3, 12
⓱ 7, 28 / 4, 28
⓲ 8, 40 / 5, 40

46쪽 03 나눗셈의 몫 구하기 A

❶ 4, 4
❷ 5, 5
❸ 4, 4
❹ 9, 9
❺ 6, 6
❻ 7, 7
❼ 2, 2
❽ 3, 3
❾ 3, 3
❿ 4, 4
⓫ 3, 3
⓬ 8, 8

47쪽

⓭ 3
⓮ 7
⓯ 9
⓰ 6
⓱ 6
⓲ 7
⓳ 6
⑳ 3
㉑ 4
㉒ 9
㉓ 8
㉔ 8
㉕ 3
㉖ 8
㉗ 5
㉘ 2
㉙ 3
㉚ 5
㉛ 4
㉜ 9
㉝ 3

48쪽 01 (몇십)×(몇) A

① 16, 160	⑤ 42, 420	⑨ 18, 180
② 18, 180	⑥ 72, 720	⑩ 12, 120
③ 25, 250	⑦ 30, 300	⑪ 56, 560
④ 16, 160	⑧ 24, 240	⑫ 48, 480

49쪽

⑬ 150	⑳ 400	㉗ 80
⑭ 300	㉑ 320	㉘ 280
⑮ 280	㉒ 90	㉙ 270
⑯ 360	㉓ 80	㉚ 240
⑰ 480	㉔ 240	㉛ 350
⑱ 720	㉕ 60	㉜ 160
⑲ 360	㉖ 450	㉝ 150

50쪽 02 (몇십)×(몇) B

① 420	⑤ 480	⑨ 180
② 210	⑥ 270	⑩ 640
③ 360	⑦ 40	⑪ 120
④ 200	⑧ 540	⑫ 350

51쪽

⑬ 150	⑱ 240	㉓ 100
⑭ 400	⑲ 280	㉔ 160
⑮ 480	⑳ 140	㉕ 240
⑯ 360	㉑ 630	㉖ 630
⑰ 360	㉒ 300	㉗ 120

52쪽 03 올림이 없는 (몇십몇)×(몇) A

① 68	⑤ 93	⑨ 84
② 84	⑥ 72	⑩ 66
③ 62	⑦ 46	⑪ 69
④ 69	⑧ 63	⑫ 99

53쪽

⑬ 88	⑱ 75	㉓ 64
⑭ 48	⑲ 44	㉔ 93
⑮ 88	⑳ 55	㉕ 66
⑯ 96	㉑ 62	㉖ 86
⑰ 82	㉒ 42	㉗ 86

54쪽 04 올림이 없는 (몇십몇)×(몇) B

① 80, 4, 84	⑤ 70, 3, 73	⑨ 60, 2, 62
② 80, 8, 88	⑥ 90, 3, 93	⑩ 40, 1, 41
③ 80, 3, 83	⑦ 60, 3, 63	⑪ 60, 4, 64
④ 20, 6, 26	⑧ 90, 9, 99	⑫ 80, 2, 82

55쪽

⑬ 68	⑳ 66	㉗ 86
⑭ 64	㉑ 88	㉘ 47
⑮ 42	㉒ 84	㉙ 96
⑯ 69	㉓ 46	㉚ 98
⑰ 44	㉔ 62	㉛ 93
⑱ 44	㉕ 88	㉜ 66
⑲ 37	㉖ 78	㉝ 56

56쪽 05 올림이 한 번 있는 (몇십몇)×(몇)① Ⓐ

❶ 248
❷ 159
❸ 168
❹ 147
❺ 186
❻ 126
❼ 216
❽ 184
❾ 246
❿ 249
⓫ 279
⓬ 104

57쪽

⓭ 208
⓮ 219
⓯ 128
⓰ 246
⓱ 357
⓲ 369
⓳ 189
⓴ 276
㉑ 189
㉒ 164
㉓ 155
㉔ 204
㉕ 156
㉖ 128
㉗ 123

60쪽 07 올림이 한 번 있는 (몇십몇)×(몇)② Ⓐ

❶ 108
❷ 87
❸ 52
❹ 114
❺ 92
❻ 84
❼ 90
❽ 162
❾ 114
❿ 104
⓫ 70
⓬ 96

61쪽

⓭ 126
⓮ 111
⓯ 112
⓰ 90
⓱ 80
⓲ 94
⓳ 65
⓴ 72
㉑ 84
㉒ 102
㉓ 108
㉔ 54
㉕ 98
㉖ 92
㉗ 36

58쪽 06 올림이 한 번 있는 (몇십몇)×(몇)① Ⓑ

❶ 120, 8, 128
❷ 140, 8, 148
❸ 120, 6, 126
❹ 630, 7, 637
❺ 270, 9, 279
❻ 560, 7, 567
❼ 160, 2, 162
❽ 140, 4, 144
❾ 100, 4, 104
❿ 160, 8, 168
⓫ 280, 8, 288
⓬ 120, 4, 124

59쪽

⓭ 129
⓮ 324
⓯ 128
⓰ 408
⓱ 216
⓲ 182
⓳ 219
⓴ 255
㉑ 248
㉒ 276
㉓ 186
㉔ 366
㉕ 126
㉖ 305
㉗ 186
㉘ 146
㉙ 102
㉚ 208
㉛ 455
㉜ 142
㉝ 189

62쪽 08 올림이 한 번 있는 (몇십몇)×(몇)② Ⓑ

❶ 60, 12, 72
❷ 60, 18, 78
❸ 40, 14, 54
❹ 90, 63, 153
❺ 40, 36, 76
❻ 40, 28, 68
❼ 90, 18, 108
❽ 80, 12, 92
❾ 40, 24, 64
❿ 80, 12, 92
⓫ 90, 36, 126
⓬ 90, 54, 144

63쪽

⓭ 98
⓮ 52
⓯ 117
⓰ 91
⓱ 78
⓲ 96
⓳ 108
⓴ 54
㉑ 75
㉒ 76
㉓ 133
㉔ 52
㉕ 94
㉖ 108
㉗ 70
㉘ 60
㉙ 144
㉚ 72
㉛ 136
㉜ 135
㉝ 96

09 올림이 두 번 있는 (몇십몇)×(몇) Ⓐ

64쪽

① 256	⑤ 672	⑨ 576
② 828	⑥ 184	⑩ 651
③ 416	⑦ 228	⑪ 196
④ 544	⑧ 292	⑫ 344

65쪽

⑬ 370	⑱ 196	㉓ 220
⑭ 238	⑲ 576	㉔ 310
⑮ 267	⑳ 570	㉕ 225
⑯ 288	㉑ 539	㉖ 348
⑰ 330	㉒ 235	㉗ 696

10 올림이 두 번 있는 (몇십몇)×(몇) Ⓑ

66쪽

① 540, 18, 558	⑤ 810, 45, 855	⑨ 320, 20, 340
② 360, 45, 405	⑥ 240, 36, 276	⑩ 180, 18, 198
③ 350, 35, 385	⑦ 100, 15, 115	⑪ 320, 28, 348
④ 150, 40, 190	⑧ 140, 10, 150	⑫ 450, 54, 504

67쪽

⑬ 336	⑳ 395	㉗ 132
⑭ 165	㉑ 150	㉘ 294
⑮ 192	㉒ 396	㉙ 774
⑯ 216	㉓ 704	㉚ 312
⑰ 378	㉔ 231	㉛ 462
⑱ 465	㉕ 420	㉜ 102
⑲ 189	㉖ 644	㉝ 343

68쪽 01 cm와 mm가 있는 길이의 덧셈 A

① 11 cm 3 mm
② 9 cm 1 mm
③ 13 cm 3 mm
④ 7 cm 1 mm
⑤ 7 cm 2 mm
⑥ 15 cm 2 mm
⑦ 10 cm 1 mm
⑧ 16 cm 1 mm

69쪽

⑨ 9 cm 2 mm
⑩ 15 cm 1 mm
⑪ 11 cm 1 mm
⑫ 11 cm 2 mm
⑬ 19 cm 2 mm
⑭ 17 cm 2 mm
⑮ 15 cm 3 mm
⑯ 3 cm 1 mm
⑰ 13 cm 3 mm
⑱ 12 cm 1 mm

72쪽 03 km와 m가 있는 길이의 덧셈 A

① 11 km 100 m
② 14 km 200 m
③ 8 km 400 m
④ 10 km 400 m
⑤ 8 km 200 m
⑥ 6 km 200 m
⑦ 12 km 100 m
⑧ 11 km 200 m

73쪽

⑨ 6 km 100 m
⑩ 14 km 200 m
⑪ 13 km 300 m
⑫ 8 km 300 m
⑬ 7 km 200 m
⑭ 8 km 200 m
⑮ 12 km 100 m
⑯ 15 km 400 m
⑰ 14 km 300 m
⑱ 12 km 100 m

70쪽 02 cm와 mm가 있는 길이의 뺄셈 A

① 1 cm 7 mm
② 2 cm 8 mm
③ 2 cm 5 mm
④ 5 cm 6 mm
⑤ 4 cm 5 mm
⑥ 3 cm 4 mm
⑦ 2 cm 7 mm
⑧ 5 cm 7 mm

71쪽

⑨ 4 cm 9 mm
⑩ 3 cm 9 mm
⑪ 1 cm 5 mm
⑫ 3 cm 9 mm
⑬ 1 cm 8 mm
⑭ 1 cm 8 mm
⑮ 3 cm 5 mm
⑯ 2 cm 6 mm
⑰ 4 cm 3 mm
⑱ 1 cm 7 mm

74쪽 04 km와 m가 있는 길이의 뺄셈 A

① 1 km 800 m
② 1 km 400 m
③ 4 km 700 m
④ 1 km 800 m
⑤ 2 km 300 m
⑥ 4 km 800 m
⑦ 6 km 400 m
⑧ 2 km 700 m

75쪽

⑨ 3 km 400 m
⑩ 2 km 400 m
⑪ 6 km 500 m
⑫ 3 km 700 m
⑬ 4 km 500 m
⑭ 2 km 600 m
⑮ 2 km 300 m
⑯ 7 km 700 m
⑰ 5 km 800 m
⑱ 1 km 900 m

76쪽 05 시간의 덧셈 A

① 9시 14분 38초
② 3시 59분 19초
③ 5시 7분 38초
④ 6시 57분 10초
⑤ 9시간 25분 36초
⑥ 9시간 35분 53초
⑦ 9시간 28분 12초
⑧ 4시간 57분 18초

77쪽

⑨ 6시 29분 21초
⑩ 7시 25분 56초
⑪ 5시 57분 32초
⑫ 11시 40분 40초
⑬ 8시 23분 37초
⑭ 9시 50분 11초
⑮ 7시 10분 52초
⑯ 6시 17분 46초
⑰ 7시 48분 21초
⑱ 5시 9분 40초
⑲ 4시 7분 54초
⑳ 10시 54분 16초
㉑ 11시 56분 30초
㉒ 9시 54분 47초

78쪽 06 시간의 뺄셈 A

① 1시 39분 21초
② 3시 18분 41초
③ 1시 30분 24초
④ 2시 5분 58초
⑤ 4시간 54분 7초
⑥ 4시간 31분 49초
⑦ 2시간 53분 28초
⑧ 4시간 18분 51초

79쪽

⑨ 1시 35분 29초
⑩ 6시 58분 5초
⑪ 1시 35분 44초
⑫ 2시 46분 19초
⑬ 2시 56분 8초
⑭ 3시 23분 24초
⑮ 5시 42분 41초
⑯ 2시간 15분 23초
⑰ 2시간 10분 58초
⑱ 1시간 56분 10초
⑲ 5시간 49분 24초
⑳ 2시간 2분 45초
㉑ 4시간 6분 45초
㉒ 5시간 27분 14초

80쪽 01 분수 알기 A

❶ 5, 3, $\frac{3}{5}$
❷ 3, 2, $\frac{2}{3}$
❸ 2, 1, $\frac{1}{2}$
❹ 6, 2, $\frac{2}{6}$

81쪽

❺ $\frac{2}{9}$
❻ $\frac{2}{7}$
❼ $\frac{5}{6}$
❽ $\frac{6}{9}$
❾ $\frac{7}{9}$
❿ $\frac{7}{8}$
⓫ $\frac{4}{5}$
⓬ $\frac{6}{7}$
⓭ $\frac{3}{9}$
⓮ $\frac{2}{4}$
⓯ $\frac{4}{8}$
⓰ $\frac{4}{7}$

82쪽 02 분모가 같은 분수의 크기 비교 A

❶ <
❷ <
❸ >
❹ <
❺ >
❻ <

83쪽

❼ <
❽ <
❾ >
❿ <
⓫ <
⓬ >
⓭ >
⓮ <
⓯ >
⓰ >
⓱ >
⓲ <
⓳ >
⓴ <
㉑ >
㉒ <
㉓ >
㉔ <

84쪽 03 단위분수의 크기 비교 A

❶ >
❷ >
❸ <
❹ <
❺ >
❻ <

85쪽

❼ >
❽ <
❾ >
❿ <
⓫ >
⓬ <
⓭ <
⓮ >
⓯ <
⓰ >
⓱ <
⓲ >
⓳ >
⓴ <
㉑ >
㉒ <
㉓ >
㉔ <

86쪽 04 소수 알기 A

❶ $\frac{1}{10}$, $\frac{8}{10}$ / 0.3, 0.6, 0.9
❷ $\frac{2}{10}$, $\frac{5}{10}$, $\frac{7}{10}$ / 0.1, 0.4
❸ $\frac{3}{10}$, $\frac{9}{10}$ / 0.2, 0.5, 0.7

87쪽

❹ 0.5
❺ 1.9
❻ 0.9
❼ 1.1
❽ 4.7
❾ 0.7
❿ 0.2
⓫ 29
⓬ 14
⓭ 26
⓮ 36
⓯ 16
⓰ 58
⓱ 4

88쪽 05 소수의 크기 비교 A

① >
② >
③ <
④ <
⑤ <
⑥ <

89쪽

⑦ <
⑧ >
⑨ <
⑩ >
⑪ <
⑫ >
⑬ <
⑭ >
⑮ >
⑯ <
⑰ >
⑱ <
⑲ <
⑳ >
㉑ <
㉒ >

쌤과 맘이 만든

쌍둥이 연산노트

초등 5단계

3·1

복습책

쌍둥이 연산 노트

한눈에 보기

1학년

1학기

단원	학습 내용
9까지의 수	· 9까지의 수의 순서 알기 · 수를 세어 크기 비교하기
덧셈	· 9까지의 수 모으기 · 합이 9까지인 덧셈하기
뺄셈	· 9까지의 수 가르기 · 한 자리 수의 뺄셈하기
50까지의 수	· 십몇 알고 모으기와 가르기 · 50까지의 수의 순서 알기 · 50까지의 수의 크기 비교

2학기

단원	학습 내용
100까지의 수	· 100까지의 수의 순서 알기 · 100까지 수의 크기 비교하기
덧셈(1)	· (몇십몇)+(몇십몇) · 합이 한 자리 수인 세 수의 덧셈
뺄셈(1)	· (몇십몇)−(몇십몇) · 계산 결과가 한 자리 수인 세 수의 뺄셈
덧셈(2)	· 세 수의 덧셈 · 받아올림이 있는 (몇)+(몇)
뺄셈(2)	· 세 수의 뺄셈 · 받아내림이 있는 (십몇)−(몇)

2학년

1학기

단원	학습 내용
세 자리 수	· 세 자리 수의 자릿값 알기 · 수의 크기 비교
덧셈	· 받아올림이 있는 (두 자리 수)+(두 자리 수) · 세 수의 덧셈
뺄셈	· 받아내림이 있는 (두 자리 수)−(두 자리 수) · 세 수의 뺄셈
곱셈	· 몇 배인지 알아보기 · 곱셈식으로 나타내기

2학기

단원	학습 내용
네 자리 수	· 네 자리 수 알기 · 두 수의 크기 비교
곱셈구구	· 2~9단 곱셈구구 · 1의 단, 0과 어떤 수의 곱
길이 재기	· 길이의 합 · 길이의 차
시각과 시간	· 시각 읽기 · 시각과 분 사이의 관계 · 하루, 1주일, 달력 알기

3학년

1학기

단원	학습 내용
덧셈	· 받아올림이 있는 (세 자리 수)+(세 자리 수)
뺄셈	· 받아내림이 있는 (세 자리 수)−(세 자리 수)
나눗셈	· 곱셈과 나눗셈의 관계 · 나눗셈의 몫 구하기
곱셈	· 올림이 있는 (몇십몇)×(몇)
길이와 시간의 덧셈과 뺄셈	· 길이의 덧셈과 뺄셈 · 시간의 덧셈과 뺄셈
분수와 소수	· 분모가 같은 분수의 크기 비교 · 소수의 크기 비교

2학기

단원	학습 내용
곱셈	· 올림이 있는 (세 자리 수)×(한 자리 수) · 올림이 있는 (몇십몇)×(몇십몇)
나눗셈	· 나머지가 있는 (몇십몇)÷(몇) · 나머지가 있는 (세 자리 수)÷(한 자리 수)
분수	· 진분수, 가분수, 대분수 · 대분수를 가분수로 나타내기 · 가분수를 대분수로 나타내기 · 분모가 같은 분수의 크기 비교
들이와 무게	· 들이의 덧셈과 뺄셈 · 무게의 덧셈과 뺄셈

쌍둥이 연산 노트는 **수학 교과서의 연산과 관련된 모든 영역의 문제를**
학교 수업 차시에 맞게 구성하였습니다.

4학년

1학기

단원	학습 내용
큰 수	· 다섯 자리 수 · 천만, 천억, 천조 알기 · 수의 크기 비교
각도	· 각도의 합과 차 · 삼각형의 세 각의 크기의 합 · 사각형의 네 각의 크기의 합
곱셈	· (몇백)×(몇십) · (세 자리 수)×(두 자리 수)
나눗셈	· (몇백몇십)÷(몇십) · (세 자리 수)÷(두 자리 수)

2학기

단원	학습 내용
분수의 덧셈	· 분모가 같은 분수의 덧셈 · 진분수 부분의 합이 1보다 큰 대분수의 덧셈
분수의 뺄셈	· 분모가 같은 분수의 뺄셈 · 받아내림이 있는 대분수의 뺄셈
소수의 덧셈	· (소수 두 자리 수)+(소수 두 자리 수) · 자릿수가 다른 소수의 덧셈
소수의 뺄셈	· (소수 두 자리 수)−(소수 두 자리 수) · 자릿수가 다른 소수의 뺄셈
다각형	· 삼각형, 평행사변형, 마름모, 직사각형의 각도와 길이 구하기

5학년

1학기

단원	학습 내용
자연수의 혼합 계산	· 덧셈, 뺄셈, 곱셈, 나눗셈이 섞여 있는 식 계산하기
약수와 배수	· 약수와 배수 · 최대공약수와 최소공배수
약분과 통분	· 약분과 통분 · 분수와 소수의 크기 비교
분수의 덧셈과 뺄셈	· 받아올림이 있는 분수의 덧셈 · 받아내림이 있는 분수의 뺄셈
다각형의 둘레와 넓이	· 정다각형의 둘레 · 사각형, 평행사변형, 삼각형, 마름모, 사다리꼴의 넓이

2학기

단원	학습 내용
어림하기	· 올림, 버림, 반올림
분수의 곱셈	· (분수)×(자연수) · (자연수)×(분수) · (분수)×(분수) · 세 분수의 곱셈
소수의 곱셈	· (소수)×(자연수) · (자연수)×(소수) · (소수)×(소수) · 곱의 소수점의 위치
자료의 표현	· 평균 구하기

6학년

1학기

단원	학습 내용
분수의 나눗셈	· (자연수)÷(자연수) · (분수)÷(자연수)
소수의 나눗셈	· (소수)÷(자연수) · (자연수)÷(자연수)
비와 비율	· 비와 비율 구하기 · 비율을 백분율, 백분율을 비율로 나타내기
직육면체의 부피와 겉넓이	· 직육면체의 부피와 겉넓이 · 정육면체의 부피와 겉넓이

2학기

단원	학습 내용
분수의 나눗셈	· (진분수)÷(진분수) · (자연수)÷(분수) · (대분수)÷(대분수)
소수의 나눗셈	· (소수)÷(소수) · (자연수)÷(소수) · 몫을 반올림하여 나타내기
비례식과 비례배분	· 간단한 자연수의 비로 나타내기 · 비례식과 비례배분
원주와 원의 넓이	· 원주, 지름, 반지름 구하기 · 원의 넓이 구하기

쌍둥이 연산 노트

구성과 유의점

단원	학습 내용	지도 시 유의점	표준 시간
덧셈	01 받아올림이 없는 (세 자리 수)+(세 자리 수)(1)	· 받아올림이 없는 (세 자리 수)+(세 자리 수)의 여러 가지 계산 방법을 알아보게 합니다. · 받아올림이 없는 (세 자리 수)+(세 자리 수)의 계산 원리를 이해하고 익숙하게 계산하게 합니다.	13분
	02 받아올림이 없는 (세 자리 수)+(세 자리 수)(2)		13분
	03 받아올림이 한 번 있는 (세 자리 수)+(세 자리 수)①(1)	일의 자리에서 받아올림이 한 번 있는 (세 자리 수)+(세 자리 수)의 계산 원리를 이해하고 익숙하게 계산하게 합니다.	13분
	04 받아올림이 한 번 있는 (세 자리 수)+(세 자리 수)①(2)		13분
	05 받아올림이 한 번 있는 (세 자리 수)+(세 자리 수)②(1)	십의 자리에서 받아올림이 한 번 있는 (세 자리 수)+(세 자리 수)의 계산 원리를 이해하고 익숙하게 계산하게 합니다.	13분
	06 받아올림이 한 번 있는 (세 자리 수)+(세 자리 수)②(2)		13분
	07 받아올림이 두 번 있는 (세 자리 수)+(세 자리 수)(1)	일의 자리와 십의 자리에서 받아올림이 두 번 있는 (세 자리 수)+(세 자리 수)의 계산 원리를 이해하고 익숙하게 계산하게 합니다.	13분
	08 받아올림이 두 번 있는 (세 자리 수)+(세 자리 수)(2)		13분
	09 받아올림이 세 번 있는 (세 자리 수)+(세 자리 수)(1)	일의 자리, 십의 자리, 백의 자리에서 받아올림이 세 번 있는 (세 자리 수)+(세 자리 수)의 계산 원리를 이해하고 익숙하게 계산하게 합니다.	13분
	10 받아올림이 세 번 있는 (세 자리 수)+(세 자리 수)(2)		13분
뺄셈	01 받아내림이 없는 (세 자리 수)−(세 자리 수)(1)	· 받아내림이 없는 (세 자리 수)−(세 자리 수)의 여러 가지 계산 방법을 알아보게 합니다. · 받아내림이 없는 (세 자리 수)−(세 자리 수)의 계산 원리를 이해하고 익숙하게 계산하게 합니다.	13분
	02 받아내림이 없는 (세 자리 수)−(세 자리 수)(2)		13분
	03 받아내림이 한 번 있는 (세 자리 수)−(세 자리 수)①(1)	십의 자리에서 받아내림이 한 번 있는 (세 자리 수)−(세 자리 수)의 계산 원리를 이해하고 익숙하게 계산하게 합니다.	13분
	04 받아내림이 한 번 있는 (세 자리 수)−(세 자리 수)①(2)		13분
	05 받아내림이 한 번 있는 (세 자리 수)−(세 자리 수)②(1)	백의 자리에서 받아내림이 한 번 있는 (세 자리 수)−(세 자리 수)의 계산 원리를 이해하고 익숙하게 계산하게 합니다.	13분
	06 받아내림이 한 번 있는 (세 자리 수)−(세 자리 수)②(2)		13분
	07 받아내림이 두 번 있는 (세 자리 수)−(세 자리 수)(1)	십와 자리와 백의 자리에서 받아내림이 두 번 있는 (세 자리 수)−(세 자리 수)의 계산 원리를 이해하고 익숙하게 계산하게 합니다.	13분
	08 받아내림이 두 번 있는 (세 자리 수)−(세 자리 수)(2)		13분
나눗셈	01 곱셈과 나눗셈의 관계(1)	· 곱셈식과 나눗셈식으로 나타내도록 합니다. · 곱셈과 나눗셈의 관계를 이해하게 합니다.	9분
	02 곱셈과 나눗셈의 관계(2)		9분
	03 나눗셈의 몫 구하기	나눗셈의 몫을 곱셈식으로 구하게 합니다.	15분

◆ 차시별 2쪽 구성으로 차시의 중요도별로 A~C단계로 2~6쪽까지 집중적으로 학습할 수 있습니다.
◆ 차시별 예습 2쪽+복습 2쪽 구성으로 시기별로 2번 반복할 수 있습니다.

단원	학습 내용	지도 시 유의점	표준 시간
곱셈	01 (몇십)×(몇)(1)	· (몇십)×(몇)을 어떻게 계산하는지 여러 가지 방법으로 알아보게 합니다. · (몇십)×(몇)의 계산 원리를 이해하고 계산하게 합니다.	15분
	02 (몇십)×(몇)(2)		13분
	03 올림이 없는 (몇십몇)×(몇)(1)	올림이 없는 (몇십몇)×(몇)의 계산 원리를 이해하고 계산하게 합니다.	13분
	04 올림이 없는 (몇십몇)×(몇)(2)		15분
	05 올림이 한 번 있는 (몇십몇)×(몇)①(1)	십의 자리에서 올림이 있는 (몇십몇)×(몇)의 계산 원리를 이해하고 계산하게 합니다.	13분
	06 올림이 한 번 있는 (몇십몇)×(몇)①(2)		15분
	07 올림이 한 번 있는 (몇십몇)×(몇)②(1)	일의 자리에서 올림이 있는 (몇십몇)×(몇)의 계산 원리를 이해하고 계산하게 합니다.	13분
	08 올림이 한 번 있는 (몇십몇)×(몇)②(2)		15분
	09 올림이 두 번 있는 (몇십몇)×(몇)(1)	십의 자리와 일의 자리에서 올림이 있는 (몇십몇)×(몇)의 계산 원리를 이해하고 계산하게 합니다.	13분
	10 올림이 두 번 있는 (몇십몇)×(몇)(2)		15분
길이와 시간의 덧셈과 뺄셈	01 cm와 mm가 있는 길이의 덧셈	cm, mm 단위의 길이의 덧셈 계산 원리를 이해하고 계산하게 합니다.	9분
	02 cm와 mm가 있는 길이의 뺄셈	cm, mm 단위의 길이의 뺄셈 계산 원리를 이해하고 계산하게 합니다.	9분
	03 km와 m가 있는 길이의 덧셈	km, m 단위의 길이의 덧셈 계산 원리를 이해하고 계산하게 합니다.	9분
	04 km와 m가 있는 길이의 뺄셈	km, m 단위의 길이의 뺄셈 계산 원리를 이해하고 계산하게 합니다.	9분
	05 시간의 덧셈	시, 분, 초 단위의 시간의 덧셈 계산 원리를 이해하고 계산하게 합니다.	11분
	06 시간의 뺄셈	시, 분, 초 단위의 시간의 뺄셈 계산 원리를 이해하고 계산하게 합니다.	11분
분수와 소수	01 분수 알기	전체를 똑같이 나누었을 때 부분이 전체의 몇 등분한 것 중 몇인지를 알게 합니다.	7분
	02 분모가 같은 분수의 크기 비교	분모가 같은 진분수의 크기를 그림을 이용하여 다양한 방법으로 비교하게 합니다.	10분
	03 단위분수의 크기 비교	단위분수의 크기를 그림을 이용하여 다양한 방법으로 비교하게 합니다.	10분
	04 소수 알기	분수와 소수의 관계를 수직선에 나타내고, 0.1이 몇 개인지 알아보게 합니다.	7분
	05 소수의 크기 비교	소수의 크기를 그림을 이용하여 다양한 방법으로 비교하게 합니다.	8분

01 받아올림이 없는 (세 자리 수) + (세 자리 수) 복습 A

덧셈을 하세요.

❶
$$\begin{array}{r} 819 \\ +\ 180 \\ \hline \end{array}$$

① 일의 자리 계산: 9 + 0 = 9
② 십의 자리 계산: 1 + 8 = 9
③ 백의 자리 계산: 8 + 1 = 9

❷
$$\begin{array}{r} 280 \\ +\ 410 \\ \hline \end{array}$$

❸
$$\begin{array}{r} 697 \\ +\ 201 \\ \hline \end{array}$$

❹
$$\begin{array}{r} 877 \\ +\ 101 \\ \hline \end{array}$$

❺
$$\begin{array}{r} 543 \\ +\ 135 \\ \hline \end{array}$$

❻
$$\begin{array}{r} 410 \\ +\ 519 \\ \hline \end{array}$$

❼
$$\begin{array}{r} 612 \\ +\ 365 \\ \hline \end{array}$$

❽
$$\begin{array}{r} 463 \\ +\ 205 \\ \hline \end{array}$$

❾
$$\begin{array}{r} 244 \\ +\ 545 \\ \hline \end{array}$$

❿
$$\begin{array}{r} 314 \\ +\ 445 \\ \hline \end{array}$$

⓫
$$\begin{array}{r} 781 \\ +\ 116 \\ \hline \end{array}$$

⓬
$$\begin{array}{r} 147 \\ +\ 132 \\ \hline \end{array}$$

⓭
$$\begin{array}{r} 353 \\ +\ 142 \\ \hline \end{array}$$

⓮
$$\begin{array}{r} 502 \\ +\ 227 \\ \hline \end{array}$$

⓯
$$\begin{array}{r} 733 \\ +\ 125 \\ \hline \end{array}$$

정답 92쪽

공부한 날짜	맞힌 개수	걸린 시간
월 일	/30	분

덧셈을 하세요.

⑯
$$\begin{array}{r} 751 \\ +\ 134 \\ \hline \end{array}$$

⑰
$$\begin{array}{r} 557 \\ +\ 312 \\ \hline \end{array}$$

⑱
$$\begin{array}{r} 324 \\ +\ 654 \\ \hline \end{array}$$

⑲
$$\begin{array}{r} 774 \\ +\ 202 \\ \hline \end{array}$$

⑳
$$\begin{array}{r} 433 \\ +\ 246 \\ \hline \end{array}$$

㉑
$$\begin{array}{r} 373 \\ +\ 515 \\ \hline \end{array}$$

㉒
$$\begin{array}{r} 225 \\ +\ 352 \\ \hline \end{array}$$

㉓
$$\begin{array}{r} 894 \\ +\ 103 \\ \hline \end{array}$$

㉔
$$\begin{array}{r} 124 \\ +\ 855 \\ \hline \end{array}$$

㉕
$$\begin{array}{r} 476 \\ +\ 423 \\ \hline \end{array}$$

㉖
$$\begin{array}{r} 511 \\ +\ 116 \\ \hline \end{array}$$

㉗
$$\begin{array}{r} 672 \\ +\ 327 \\ \hline \end{array}$$

㉘
$$\begin{array}{r} 264 \\ +\ 625 \\ \hline \end{array}$$

㉙
$$\begin{array}{r} 643 \\ +\ 256 \\ \hline \end{array}$$

㉚
$$\begin{array}{r} 885 \\ +\ 111 \\ \hline \end{array}$$

02 받아올림이 없는 (세 자리 수) + (세 자리 수) 복습 B

□ 안에 알맞은 수를 써넣으세요.

❶
$510+207=\square$
$500+200=\square$
$10+0=\square$
$0+7=\square$

❷
$670+219=\square$
$600+200=\square$
$70+10=\square$
$0+9=\square$

❸
$846+123=\square$
$800+100=\square$
$40+20=\square$
$6+3=\square$

❹
$108+881=\square$
$100+800=\square$
$0+80=\square$
$8+1=\square$

❺
$371+117=\square$
$300+100=\square$
$70+10=\square$
$1+7=\square$

❻
$408+221=\square$
$400+200=\square$
$0+20=\square$
$8+1=\square$

❼
$712+267=\square$
$700+200=\square$
$10+60=\square$
$2+7=\square$

❽
$861+126=\square$
$800+100=\square$
$60+20=\square$
$1+6=\square$

정답 92쪽

공부한 날짜	맞힌 개수	걸린 시간
월 일	/29	분

덧셈을 하세요.

⑨ 608 + 191

⑩ 153 + 346

⑪ 230 + 528

⑫ 451 + 418

⑬ 690 + 308

⑭ 803 + 162

⑮ 133 + 766

⑯ 316 + 263

⑰ 708 + 211

⑱ 831 + 145

⑲ 874 + 101

⑳ 726 + 212

㉑ 361 + 532

㉒ 529 + 320

㉓ 224 + 443

㉔ 426 + 432

㉕ 542 + 226

㉖ 180 + 819

㉗ 344 + 453

㉘ 579 + 120

㉙ 652 + 226

03 받아올림이 한 번 있는 (세 자리 수)+(세 자리 수)① 복습 A

덧셈을 하세요.

❶ $\begin{array}{r} 503 \\ +\ 139 \\ \hline \end{array}$

① 일의 자리 계산: 3+9=12
② 십의 자리 계산: 1+0+3=4
③ 백의 자리 계산: 5+1=6

❷ $\begin{array}{r} 609 \\ +\ 308 \\ \hline \end{array}$

❸ $\begin{array}{r} 214 \\ +\ 748 \\ \hline \end{array}$

❹ $\begin{array}{r} 416 \\ +\ 446 \\ \hline \end{array}$

❺ $\begin{array}{r} 242 \\ +\ 729 \\ \hline \end{array}$

❻ $\begin{array}{r} 115 \\ +\ 158 \\ \hline \end{array}$

❼ $\begin{array}{r} 647 \\ +\ 126 \\ \hline \end{array}$

❽ $\begin{array}{r} 805 \\ +\ 147 \\ \hline \end{array}$

❾ $\begin{array}{r} 541 \\ +\ 319 \\ \hline \end{array}$

❿ $\begin{array}{r} 734 \\ +\ 218 \\ \hline \end{array}$

⓫ $\begin{array}{r} 703 \\ +\ 168 \\ \hline \end{array}$

⓬ $\begin{array}{r} 311 \\ +\ 119 \\ \hline \end{array}$

⓭ $\begin{array}{r} 321 \\ +\ 539 \\ \hline \end{array}$

⓮ $\begin{array}{r} 158 \\ +\ 613 \\ \hline \end{array}$

⓯ $\begin{array}{r} 463 \\ +\ 207 \\ \hline \end{array}$

정답 92쪽

공부한 날짜	맞힌 개수	걸린 시간
월 일	/30	분

덧셈을 하세요.

⑯ $716 + 226$

⑰ $404 + 168$

⑱ $272 + 519$

⑲ $335 + 127$

⑳ $104 + 448$

㉑ $145 + 315$

㉒ $624 + 338$

㉓ $762 + 219$

㉔ $322 + 238$

㉕ $477 + 316$

㉖ $514 + 247$

㉗ $204 + 327$

㉘ $819 + 163$

㉙ $565 + 317$

㉚ $667 + 206$

04 받아올림이 한 번 있는 (세 자리 수)+(세 자리 수)① 복습 B

□ 안에 알맞은 수를 써넣으세요.

❶
$237+533=\square$
$200+500=\square$
$30+30=\square$
$7+3=\square$

❷
$406+447=\square$
$400+400=\square$
$0+40=\square$
$6+7=\square$

❸
$824+137=\square$
$800+100=\square$
$20+30=\square$
$4+7=\square$

❹
$128+418=\square$
$100+400=\square$
$20+10=\square$
$8+8=\square$

❺
$572+418=\square$
$500+400=\square$
$70+10=\square$
$2+8=\square$

❻
$661+229=\square$
$600+200=\square$
$60+20=\square$
$1+9=\square$

❼
$313+538=\square$
$300+500=\square$
$10+30=\square$
$3+8=\square$

❽
$842+108=\square$
$800+100=\square$
$40+0=\square$
$2+8=\square$

정답 92쪽

공부한 날짜	맞힌 개수	걸린 시간
월 일	/29	분

덧셈을 하세요.

⑨ 738 + 244

⑯ 102 + 629

㉓ 546 + 206

⑩ 332 + 458

⑰ 434 + 136

㉔ 206 + 176

⑪ 529 + 326

⑱ 602 + 138

㉕ 317 + 175

⑫ 113 + 339

⑲ 467 + 306

㉖ 622 + 259

⑬ 725 + 127

⑳ 856 + 136

㉗ 202 + 139

⑭ 231 + 439

㉑ 877 + 105

㉘ 868 + 113

⑮ 642 + 308

㉒ 437 + 305

㉙ 154 + 218

05 받아올림이 한 번 있는 (세 자리 수)+(세 자리 수)② 복습 A

덧셈을 하세요.

❶
$$\begin{array}{r} 430 \\ +\ 287 \\ \hline \end{array}$$

① 일의 자리 계산: 0+7=7
② 십의 자리 계산: 3+8=11
③ 백의 자리 계산: 1+4+2=7

❷
$$\begin{array}{r} 251 \\ +\ 685 \\ \hline \end{array}$$

❸
$$\begin{array}{r} 274 \\ +\ 262 \\ \hline \end{array}$$

❹
$$\begin{array}{r} 130 \\ +\ 583 \\ \hline \end{array}$$

❺
$$\begin{array}{r} 511 \\ +\ 191 \\ \hline \end{array}$$

❻
$$\begin{array}{r} 454 \\ +\ 160 \\ \hline \end{array}$$

❼
$$\begin{array}{r} 694 \\ +\ 250 \\ \hline \end{array}$$

❽
$$\begin{array}{r} 321 \\ +\ 396 \\ \hline \end{array}$$

❾
$$\begin{array}{r} 213 \\ +\ 194 \\ \hline \end{array}$$

❿
$$\begin{array}{r} 756 \\ +\ 162 \\ \hline \end{array}$$

⓫
$$\begin{array}{r} 560 \\ +\ 273 \\ \hline \end{array}$$

⓬
$$\begin{array}{r} 146 \\ +\ 371 \\ \hline \end{array}$$

⓭
$$\begin{array}{r} 475 \\ +\ 162 \\ \hline \end{array}$$

⓮
$$\begin{array}{r} 524 \\ +\ 282 \\ \hline \end{array}$$

⓯
$$\begin{array}{r} 322 \\ +\ 283 \\ \hline \end{array}$$

정답 93쪽

공부한 날짜	맞힌 개수	걸린 시간
월 일	/30	분

덧셈을 하세요.

⑯ $\begin{array}{r} 266 \\ +\ 371 \\ \hline \end{array}$

⑰ $\begin{array}{r} 320 \\ +\ 493 \\ \hline \end{array}$

⑱ $\begin{array}{r} 531 \\ +\ 185 \\ \hline \end{array}$

⑲ $\begin{array}{r} 334 \\ +\ 584 \\ \hline \end{array}$

⑳ $\begin{array}{r} 436 \\ +\ 270 \\ \hline \end{array}$

㉑ $\begin{array}{r} 161 \\ +\ 486 \\ \hline \end{array}$

㉒ $\begin{array}{r} 793 \\ +\ 143 \\ \hline \end{array}$

㉓ $\begin{array}{r} 230 \\ +\ 474 \\ \hline \end{array}$

㉔ $\begin{array}{r} 586 \\ +\ 150 \\ \hline \end{array}$

㉕ $\begin{array}{r} 182 \\ +\ 481 \\ \hline \end{array}$

㉖ $\begin{array}{r} 571 \\ +\ 357 \\ \hline \end{array}$

㉗ $\begin{array}{r} 213 \\ +\ 493 \\ \hline \end{array}$

㉘ $\begin{array}{r} 632 \\ +\ 184 \\ \hline \end{array}$

㉙ $\begin{array}{r} 336 \\ +\ 382 \\ \hline \end{array}$

㉚ $\begin{array}{r} 462 \\ +\ 463 \\ \hline \end{array}$

06 받아올림이 한 번 있는 (세 자리 수)+(세 자리 수)② 복습 B

☐ 안에 알맞은 수를 써넣으세요.

① 450+275=☐
400+200=☐
50+ 70=☐
0+ 5=☐

② 650+176=☐
600+100=☐
50+ 70=☐
0+ 6=☐

③ 350+174=☐
300+100=☐
50+ 70=☐
0+ 4=☐

④ 234+683=☐
200+600=☐
30+ 80=☐
4+ 3=☐

⑤ 435+171=☐
400+100=☐
30+ 70=☐
5+ 1=☐

⑥ 111+591=☐
100+500=☐
10+ 90=☐
1+ 1=☐

⑦ 754+173=☐
700+100=☐
50+ 70=☐
4+ 3=☐

⑧ 342+375=☐
300+300=☐
40+ 70=☐
2+ 5=☐

정답 93쪽

공부한 날짜	맞힌 개수	걸린 시간
월 일	/29	분

덧셈을 하세요.

⑨ 661 + 262

⑩ 321 + 482

⑪ 432 + 286

⑫ 713 + 194

⑬ 126 + 292

⑭ 244 + 474

⑮ 382 + 232

⑯ 252 + 365

⑰ 220 + 593

⑱ 796 + 132

⑲ 124 + 683

⑳ 116 + 192

㉑ 384 + 535

㉒ 423 + 385

㉓ 643 + 181

㉔ 596 + 351

㉕ 665 + 173

㉖ 520 + 292

㉗ 335 + 174

㉘ 533 + 372

㉙ 427 + 390

07 받아올림이 두 번 있는 (세 자리 수)+(세 자리 수) 복습 A

덧셈을 하세요.

❶ $\begin{array}{r} 148 \\ +\ 263 \\ \hline \end{array}$

① 일의 자리 계산: 8+3=11
② 십의 자리 계산: 1+4+6=11
③ 백의 자리 계산: 1+1+2=4

❷ $\begin{array}{r} 660 \\ +\ 554 \\ \hline \end{array}$

❸ $\begin{array}{r} 506 \\ +\ 717 \\ \hline \end{array}$

❹ $\begin{array}{r} 556 \\ +\ 286 \\ \hline \end{array}$

❺ $\begin{array}{r} 657 \\ +\ 671 \\ \hline \end{array}$

❻ $\begin{array}{r} 382 \\ +\ 936 \\ \hline \end{array}$

❼ $\begin{array}{r} 468 \\ +\ 613 \\ \hline \end{array}$

❽ $\begin{array}{r} 639 \\ +\ 272 \\ \hline \end{array}$

❾ $\begin{array}{r} 526 \\ +\ 725 \\ \hline \end{array}$

❿ $\begin{array}{r} 920 \\ +\ 896 \\ \hline \end{array}$

⓫ $\begin{array}{r} 745 \\ +\ 515 \\ \hline \end{array}$

⓬ $\begin{array}{r} 283 \\ +\ 598 \\ \hline \end{array}$

⓭ $\begin{array}{r} 565 \\ +\ 862 \\ \hline \end{array}$

⓮ $\begin{array}{r} 517 \\ +\ 634 \\ \hline \end{array}$

⓯ $\begin{array}{r} 596 \\ +\ 347 \\ \hline \end{array}$

정답 93쪽

공부한 날짜	맞힌 개수	걸린 시간
월 일	/30	분

덧셈을 하세요.

⑯
$$\begin{array}{r} 913 \\ +\ 278 \\ \hline \end{array}$$

⑰
$$\begin{array}{r} 481 \\ +\ 632 \\ \hline \end{array}$$

⑱
$$\begin{array}{r} 747 \\ +\ 187 \\ \hline \end{array}$$

⑲
$$\begin{array}{r} 373 \\ +\ 970 \\ \hline \end{array}$$

⑳
$$\begin{array}{r} 535 \\ +\ 718 \\ \hline \end{array}$$

㉑
$$\begin{array}{r} 373 \\ +\ 359 \\ \hline \end{array}$$

㉒
$$\begin{array}{r} 956 \\ +\ 407 \\ \hline \end{array}$$

㉓
$$\begin{array}{r} 193 \\ +\ 728 \\ \hline \end{array}$$

㉔
$$\begin{array}{r} 498 \\ +\ 336 \\ \hline \end{array}$$

㉕
$$\begin{array}{r} 477 \\ +\ 871 \\ \hline \end{array}$$

㉖
$$\begin{array}{r} 927 \\ +\ 891 \\ \hline \end{array}$$

㉗
$$\begin{array}{r} 969 \\ +\ 129 \\ \hline \end{array}$$

㉘
$$\begin{array}{r} 396 \\ +\ 722 \\ \hline \end{array}$$

㉙
$$\begin{array}{r} 783 \\ +\ 198 \\ \hline \end{array}$$

㉚
$$\begin{array}{r} 774 \\ +\ 518 \\ \hline \end{array}$$

08 받아올림이 두 번 있는 (세 자리 수)+(세 자리 수) 복습 B

◆ □ 안에 알맞은 수를 써넣으세요.

❶
$256+275=\square$
$200+200=\square$
$50+70=\square$
$6+5=\square$

❷
$823+494=\square$
$800+400=\square$
$20+90=\square$
$3+4=\square$

❸
$657+254=\square$
$600+200=\square$
$50+50=\square$
$7+4=\square$

❹
$587+254=\square$
$500+200=\square$
$80+50=\square$
$7+4=\square$

❺
$695+723=\square$
$600+700=\square$
$90+20=\square$
$5+3=\square$

❻
$675+617=\square$
$600+600=\square$
$70+10=\square$
$5+7=\square$

❼
$814+367=\square$
$800+300=\square$
$10+60=\square$
$4+7=\square$

❽
$247+184=\square$
$200+100=\square$
$40+80=\square$
$7+4=\square$

정답 93쪽

공부한 날짜	맞힌 개수	걸린 시간
월 일	/29	분

덧셈을 하세요.

9 864 + 217

16 166 + 455

23 823 + 958

10 378 + 916

17 931 + 287

24 292 + 689

11 634 + 628

18 364 + 268

25 387 + 961

12 738 + 196

19 391 + 721

26 337 + 947

13 574 + 743

20 965 + 473

27 857 + 524

14 486 + 631

21 337 + 497

28 675 + 236

15 439 + 193

22 756 + 362

29 562 + 752

09 받아올림이 세 번 있는 (세 자리 수)+(세 자리 수) 복습 A

덧셈을 하세요.

❶
$$\begin{array}{r} 755 \\ +\ 658 \\ \hline \end{array}$$

① 일의 자리 계산: 5+8=13

② 십의 자리 계산: 1+5+5=11

③ 백의 자리 계산: 1+7+6=14

❷
$$\begin{array}{r} 455 \\ +\ 957 \\ \hline \end{array}$$

❸
$$\begin{array}{r} 974 \\ +\ 668 \\ \hline \end{array}$$

❹
$$\begin{array}{r} 546 \\ +\ 465 \\ \hline \end{array}$$

❺
$$\begin{array}{r} 875 \\ +\ 658 \\ \hline \end{array}$$

❻
$$\begin{array}{r} 266 \\ +\ 985 \\ \hline \end{array}$$

❼
$$\begin{array}{r} 665 \\ +\ 856 \\ \hline \end{array}$$

❽
$$\begin{array}{r} 383 \\ +\ 838 \\ \hline \end{array}$$

❾
$$\begin{array}{r} 719 \\ +\ 294 \\ \hline \end{array}$$

❿
$$\begin{array}{r} 984 \\ +\ 746 \\ \hline \end{array}$$

⓫
$$\begin{array}{r} 182 \\ +\ 969 \\ \hline \end{array}$$

⓬
$$\begin{array}{r} 819 \\ +\ 992 \\ \hline \end{array}$$

⓭
$$\begin{array}{r} 691 \\ +\ 319 \\ \hline \end{array}$$

⓮
$$\begin{array}{r} 756 \\ +\ 764 \\ \hline \end{array}$$

⓯
$$\begin{array}{r} 537 \\ +\ 974 \\ \hline \end{array}$$

정답 94쪽

공부한 날짜	맞힌 개수	걸린 시간
월 일	/30	분

덧셈을 하세요.

16
$$\begin{array}{r} 575 \\ +\ 959 \\ \hline \end{array}$$

21
$$\begin{array}{r} 638 \\ +\ 468 \\ \hline \end{array}$$

26
$$\begin{array}{r} 855 \\ +\ 576 \\ \hline \end{array}$$

17
$$\begin{array}{r} 738 \\ +\ 582 \\ \hline \end{array}$$

22
$$\begin{array}{r} 129 \\ +\ 998 \\ \hline \end{array}$$

27
$$\begin{array}{r} 929 \\ +\ 193 \\ \hline \end{array}$$

18
$$\begin{array}{r} 657 \\ +\ 875 \\ \hline \end{array}$$

23
$$\begin{array}{r} 566 \\ +\ 868 \\ \hline \end{array}$$

28
$$\begin{array}{r} 429 \\ +\ 595 \\ \hline \end{array}$$

19
$$\begin{array}{r} 156 \\ +\ 865 \\ \hline \end{array}$$

24
$$\begin{array}{r} 447 \\ +\ 777 \\ \hline \end{array}$$

29
$$\begin{array}{r} 839 \\ +\ 294 \\ \hline \end{array}$$

20
$$\begin{array}{r} 338 \\ +\ 886 \\ \hline \end{array}$$

25
$$\begin{array}{r} 273 \\ +\ 958 \\ \hline \end{array}$$

30
$$\begin{array}{r} 939 \\ +\ 995 \\ \hline \end{array}$$

10 받아올림이 세 번 있는 (세 자리 수)+(세 자리 수) 복습 B

□ 안에 알맞은 수를 써넣으세요.

1. 747+673=□
   700+600=□
   40+70=□
   7+3=□

2. 557+777=□
   500+700=□
   50+70=□
   7+7=□

3. 257+894=□
   200+800=□
   50+90=□
   7+4=□

4. 956+476=□
   900+400=□
   50+70=□
   6+6=□

5. 191+859=□
   100+800=□
   90+50=□
   1+9=□

6. 419+593=□
   400+500=□
   10+90=□
   9+3=□

7. 693+739=□
   600+700=□
   90+30=□
   3+9=□

8. 293+858=□
   200+800=□
   90+50=□
   3+8=□

정답 94쪽

공부한 날짜	맞힌 개수	걸린 시간
월 일	/29	분

덧셈을 하세요.

⑨ 593 + 638

⑯ 366 + 966

㉓ 483 + 738

⑩ 729 + 491

⑰ 119 + 894

㉔ 866 + 567

⑪ 275 + 976

⑱ 957 + 477

㉕ 446 + 866

⑫ 892 + 128

⑲ 464 + 648

㉖ 828 + 293

⑬ 438 + 686

⑳ 746 + 567

㉗ 264 + 869

⑭ 456 + 868

㉑ 647 + 674

㉘ 592 + 429

⑮ 174 + 847

㉒ 991 + 959

㉙ 648 + 784

01 받아내림이 없는 (세 자리 수) − (세 자리 수) 복습 A

뺄셈을 하세요.

❶ $\begin{array}{r} 893 \\ -\ 581 \\ \hline \end{array}$

① 일의 자리 계산: 3 − 1 = 2
② 십의 자리 계산: 9 − 8 = 1
③ 백의 자리 계산: 8 − 5 = 3

❷ $\begin{array}{r} 576 \\ -\ 153 \\ \hline \end{array}$

❸ $\begin{array}{r} 739 \\ -\ 327 \\ \hline \end{array}$

❹ $\begin{array}{r} 676 \\ -\ 463 \\ \hline \end{array}$

❺ $\begin{array}{r} 994 \\ -\ 860 \\ \hline \end{array}$

❻ $\begin{array}{r} 447 \\ -\ 145 \\ \hline \end{array}$

❼ $\begin{array}{r} 992 \\ -\ 101 \\ \hline \end{array}$

❽ $\begin{array}{r} 366 \\ -\ 154 \\ \hline \end{array}$

❾ $\begin{array}{r} 558 \\ -\ 335 \\ \hline \end{array}$

❿ $\begin{array}{r} 285 \\ -\ 162 \\ \hline \end{array}$

⓫ $\begin{array}{r} 756 \\ -\ 224 \\ \hline \end{array}$

⓬ $\begin{array}{r} 374 \\ -\ 252 \\ \hline \end{array}$

⓭ $\begin{array}{r} 849 \\ -\ 416 \\ \hline \end{array}$

⓮ $\begin{array}{r} 675 \\ -\ 222 \\ \hline \end{array}$

⓯ $\begin{array}{r} 466 \\ -\ 164 \\ \hline \end{array}$

정답 95쪽

공부한 날짜	맞힌 개수	걸린 시간
월 일	/30	분

뺄셈을 하세요.

⑯ $\begin{array}{r} 674 \\ -\ 551 \\ \hline \end{array}$

⑰ $\begin{array}{r} 938 \\ -\ 707 \\ \hline \end{array}$

⑱ $\begin{array}{r} 866 \\ -\ 154 \\ \hline \end{array}$

⑲ $\begin{array}{r} 494 \\ -\ 220 \\ \hline \end{array}$

⑳ $\begin{array}{r} 749 \\ -\ 325 \\ \hline \end{array}$

㉑ $\begin{array}{r} 584 \\ -\ 172 \\ \hline \end{array}$

㉒ $\begin{array}{r} 666 \\ -\ 313 \\ \hline \end{array}$

㉓ $\begin{array}{r} 475 \\ -\ 373 \\ \hline \end{array}$

㉔ $\begin{array}{r} 566 \\ -\ 354 \\ \hline \end{array}$

㉕ $\begin{array}{r} 356 \\ -\ 234 \\ \hline \end{array}$

㉖ $\begin{array}{r} 874 \\ -\ 772 \\ \hline \end{array}$

㉗ $\begin{array}{r} 729 \\ -\ 517 \\ \hline \end{array}$

㉘ $\begin{array}{r} 247 \\ -\ 115 \\ \hline \end{array}$

㉙ $\begin{array}{r} 975 \\ -\ 353 \\ \hline \end{array}$

㉚ $\begin{array}{r} 358 \\ -\ 223 \\ \hline \end{array}$

02 받아내림이 없는 (세 자리 수) − (세 자리 수) 복습 B

◆ □ 안에 알맞은 수를 써넣으세요.

❶ 658 − 145 = □
8 − 5 = □
50 − 40 = □
600 − 100 = □

❷ 567 − 244 = □
7 − 4 = □
60 − 40 = □
500 − 200 = □

❸ 829 − 427 = □
9 − 7 = □
20 − 20 = □
800 − 400 = □

❹ 767 − 143 = □
7 − 3 = □
60 − 40 = □
700 − 100 = □

❺ 283 − 151 = □
3 − 1 = □
80 − 50 = □
200 − 100 = □

❻ 939 − 717 = □
9 − 7 = □
30 − 10 = □
900 − 700 = □

❼ 383 − 161 = □
3 − 1 = □
80 − 60 = □
300 − 100 = □

❽ 892 − 590 = □
2 − 0 = □
90 − 90 = □
800 − 500 = □

정답 95쪽

공부한 날짜	맞힌 개수	걸린 시간
월 일	/29	분

빼셈을 하세요.

⑨ 685 − 372

⑯ 274 − 142

㉓ 947 − 636

⑩ 794 − 470

⑰ 847 − 245

㉔ 357 − 245

⑪ 347 − 125

⑱ 575 − 263

㉕ 592 − 150

⑫ 876 − 143

⑲ 493 − 191

㉖ 984 − 262

⑬ 294 − 111

⑳ 965 − 454

㉗ 585 − 462

⑭ 747 − 315

㉑ 667 − 554

㉘ 284 − 152

⑮ 547 − 124

㉒ 875 − 763

㉙ 483 − 241

03 받아내림이 한 번 있는 (세 자리 수) − (세 자리 수)① 복습 A

뺄셈을 하세요.

❶ 534 − 305

① 일의 자리 계산: 10 + 4 − 5 = 9
② 십의 자리 계산: 3 − 1 − 0 = 2
③ 백의 자리 계산: 5 − 3 = 2

❷ 788 − 559

❸ 843 − 325

❹ 994 − 458

❺ 651 − 424

❻ 867 − 738

❼ 454 − 136

❽ 250 − 108

❾ 567 − 438

❿ 373 − 256

⓫ 373 − 228

⓬ 982 − 563

⓭ 661 − 314

⓮ 444 − 117

⓯ 744 − 317

정답 95쪽

공부한 날짜	맞힌 개수	걸린 시간
월 일	/30	분

빼셈을 하세요.

⑯ $\begin{array}{r} 755 \\ -\ 228 \\ \hline \end{array}$

⑰ $\begin{array}{r} 490 \\ -\ 242 \\ \hline \end{array}$

⑱ $\begin{array}{r} 972 \\ -\ 636 \\ \hline \end{array}$

⑲ $\begin{array}{r} 636 \\ -\ 107 \\ \hline \end{array}$

⑳ $\begin{array}{r} 784 \\ -\ 636 \\ \hline \end{array}$

㉑ $\begin{array}{r} 366 \\ -\ 239 \\ \hline \end{array}$

㉒ $\begin{array}{r} 558 \\ -\ 439 \\ \hline \end{array}$

㉓ $\begin{array}{r} 236 \\ -\ 118 \\ \hline \end{array}$

㉔ $\begin{array}{r} 870 \\ -\ 758 \\ \hline \end{array}$

㉕ $\begin{array}{r} 571 \\ -\ 258 \\ \hline \end{array}$

㉖ $\begin{array}{r} 662 \\ -\ 543 \\ \hline \end{array}$

㉗ $\begin{array}{r} 881 \\ -\ 553 \\ \hline \end{array}$

㉘ $\begin{array}{r} 465 \\ -\ 347 \\ \hline \end{array}$

㉙ $\begin{array}{r} 337 \\ -\ 219 \\ \hline \end{array}$

㉚ $\begin{array}{r} 945 \\ -\ 216 \\ \hline \end{array}$

04 받아내림이 한 번 있는 (세 자리 수) − (세 자리 수)① 복습 B

□ 안에 알맞은 수를 써넣으세요.

❶
395 − 247 = □
15 − 7 = □
80 − 40 = □
300 − 200 = □

❷
881 − 669 = □
11 − 9 = □
70 − 60 = □
800 − 600 = □

❸
492 − 375 = □
12 − 5 = □
80 − 70 = □
400 − 300 = □

❹
983 − 547 = □
13 − 7 = □
70 − 40 = □
900 − 500 = □

❺
272 − 124 = □
12 − 4 = □
60 − 20 = □
200 − 100 = □

❻
854 − 236 = □
14 − 6 = □
40 − 30 = □
800 − 200 = □

❼
662 − 335 = □
12 − 5 = □
50 − 30 = □
600 − 300 = □

❽
284 − 156 = □
14 − 6 = □
70 − 50 = □
200 − 100 = □

정답 95쪽

공부한 날짜	맞힌 개수	걸린 시간
월 일	/29	분

빼셈을 하세요.

⑨ 683 − 136

⑯ 958 − 839

㉓ 455 − 328

⑩ 390 − 165

⑰ 892 − 464

㉔ 247 − 129

⑪ 792 − 575

⑱ 545 − 216

㉕ 832 − 414

⑫ 582 − 169

⑲ 421 − 103

㉖ 751 − 303

⑬ 936 − 217

⑳ 384 − 167

㉗ 684 − 157

⑭ 262 − 134

㉑ 956 − 127

㉘ 475 − 128

⑮ 886 − 738

㉒ 340 − 123

㉙ 294 − 146

05 받아내림이 한 번 있는 (세 자리 수) − (세 자리 수)② 복습 A

뺄셈을 하세요.

❶ $\begin{array}{r} 678 \\ -\ 387 \\ \hline \end{array}$

① 일의 자리 계산: 8 − 7 = 1
② 십의 자리 계산: 10 + 7 − 8 = 9
③ 백의 자리 계산: 6 − 1 − 3 = 2

❷ $\begin{array}{r} 516 \\ -\ 244 \\ \hline \end{array}$

❸ $\begin{array}{r} 736 \\ -\ 462 \\ \hline \end{array}$

❹ $\begin{array}{r} 613 \\ -\ 462 \\ \hline \end{array}$

❺ $\begin{array}{r} 658 \\ -\ 471 \\ \hline \end{array}$

❻ $\begin{array}{r} 829 \\ -\ 635 \\ \hline \end{array}$

❼ $\begin{array}{r} 544 \\ -\ 361 \\ \hline \end{array}$

❽ $\begin{array}{r} 825 \\ -\ 691 \\ \hline \end{array}$

❾ $\begin{array}{r} 373 \\ -\ 192 \\ \hline \end{array}$

❿ $\begin{array}{r} 622 \\ -\ 341 \\ \hline \end{array}$

⓫ $\begin{array}{r} 907 \\ -\ 624 \\ \hline \end{array}$

⓬ $\begin{array}{r} 479 \\ -\ 281 \\ \hline \end{array}$

⓭ $\begin{array}{r} 648 \\ -\ 162 \\ \hline \end{array}$

⓮ $\begin{array}{r} 722 \\ -\ 241 \\ \hline \end{array}$

⓯ $\begin{array}{r} 377 \\ -\ 193 \\ \hline \end{array}$

정답 96쪽

공부한 날짜	맞힌 개수	걸린 시간
월 일	/30	분

빨셈을 하세요.

⑯ $\begin{array}{r} 904 \\ -\ 422 \\ \hline \end{array}$

㉑ $\begin{array}{r} 616 \\ -\ 143 \\ \hline \end{array}$

㉖ $\begin{array}{r} 366 \\ -\ 171 \\ \hline \end{array}$

⑰ $\begin{array}{r} 832 \\ -\ 351 \\ \hline \end{array}$

㉒ $\begin{array}{r} 509 \\ -\ 148 \\ \hline \end{array}$

㉗ $\begin{array}{r} 513 \\ -\ 342 \\ \hline \end{array}$

⑱ $\begin{array}{r} 362 \\ -\ 191 \\ \hline \end{array}$

㉓ $\begin{array}{r} 667 \\ -\ 391 \\ \hline \end{array}$

㉘ $\begin{array}{r} 736 \\ -\ 544 \\ \hline \end{array}$

⑲ $\begin{array}{r} 924 \\ -\ 753 \\ \hline \end{array}$

㉔ $\begin{array}{r} 418 \\ -\ 235 \\ \hline \end{array}$

㉙ $\begin{array}{r} 745 \\ -\ 353 \\ \hline \end{array}$

⑳ $\begin{array}{r} 565 \\ -\ 271 \\ \hline \end{array}$

㉕ $\begin{array}{r} 839 \\ -\ 475 \\ \hline \end{array}$

㉚ $\begin{array}{r} 842 \\ -\ 561 \\ \hline \end{array}$

06 받아내림이 한 번 있는 (세 자리 수) − (세 자리 수)② 복습 B

□ 안에 알맞은 수를 써넣으세요.

❶ 626 − 353 = □
6 − 3 = □
120 − 50 = □
500 − 300 = □

❷ 939 − 744 = □
9 − 4 = □
130 − 40 = □
800 − 700 = □

❸ 917 − 533 = □
7 − 3 = □
110 − 30 = □
800 − 500 = □

❹ 719 − 526 = □
9 − 6 = □
110 − 20 = □
600 − 500 = □

❺ 548 − 362 = □
8 − 2 = □
140 − 60 = □
400 − 300 = □

❻ 949 − 584 = □
9 − 4 = □
140 − 80 = □
800 − 500 = □

❼ 815 − 542 = □
5 − 2 = □
110 − 40 = □
700 − 500 = □

❽ 935 − 744 = □
5 − 4 = □
130 − 40 = □
800 − 700 = □

정답 96쪽

공부한 날짜	맞힌 개수	걸린 시간
월 일	/29	분

빨셈을 하세요.

⑨ 887 − 595

⑯ 773 − 481

㉓ 952 − 671

⑩ 612 − 191

⑰ 623 − 171

㉔ 434 − 262

⑪ 569 − 271

⑱ 475 − 281

㉕ 675 − 384

⑫ 863 − 181

⑲ 403 − 231

㉖ 733 − 282

⑬ 952 − 781

⑳ 644 − 172

㉗ 623 − 451

⑭ 512 − 231

㉑ 708 − 496

㉘ 758 − 271

⑮ 369 − 172

㉒ 715 − 582

㉙ 557 − 282

07 받아내림이 두 번 있는 (세 자리 수) − (세 자리 수) 복습 A

뺄셈을 하세요.

❶ $\begin{array}{r} 821 \\ -\ 695 \\ \hline \end{array}$

① 일의 자리 계산: 10 + 1 − 5 = 6

② 십의 자리 계산: 2 − 1 + 10 − 9 = 2

③ 백의 자리 계산: 8 − 1 − 6 = 1

❷ $\begin{array}{r} 712 \\ -\ 585 \\ \hline \end{array}$

❸ $\begin{array}{r} 561 \\ -\ 275 \\ \hline \end{array}$

❹ $\begin{array}{r} 921 \\ -\ 655 \\ \hline \end{array}$

❺ $\begin{array}{r} 751 \\ -\ 284 \\ \hline \end{array}$

❻ $\begin{array}{r} 452 \\ -\ 165 \\ \hline \end{array}$

❼ $\begin{array}{r} 934 \\ -\ 745 \\ \hline \end{array}$

❽ $\begin{array}{r} 703 \\ -\ 435 \\ \hline \end{array}$

❾ $\begin{array}{r} 642 \\ -\ 174 \\ \hline \end{array}$

❿ $\begin{array}{r} 863 \\ -\ 394 \\ \hline \end{array}$

⓫ $\begin{array}{r} 674 \\ -\ 385 \\ \hline \end{array}$

⓬ $\begin{array}{r} 343 \\ -\ 155 \\ \hline \end{array}$

⓭ $\begin{array}{r} 812 \\ -\ 545 \\ \hline \end{array}$

⓮ $\begin{array}{r} 533 \\ -\ 264 \\ \hline \end{array}$

⓯ $\begin{array}{r} 902 \\ -\ 424 \\ \hline \end{array}$

정답 96쪽

공부한 날짜	맞힌 개수	걸린 시간
월 일	/30	분

빽셈을 하세요.

⑯
$$\begin{array}{r} 411 \\ -\ 134 \\ \hline \end{array}$$

⑰
$$\begin{array}{r} 653 \\ -\ 474 \\ \hline \end{array}$$

⑱
$$\begin{array}{r} 432 \\ -\ 254 \\ \hline \end{array}$$

⑲
$$\begin{array}{r} 662 \\ -\ 393 \\ \hline \end{array}$$

⑳
$$\begin{array}{r} 771 \\ -\ 483 \\ \hline \end{array}$$

㉑
$$\begin{array}{r} 323 \\ -\ 144 \\ \hline \end{array}$$

㉒
$$\begin{array}{r} 702 \\ -\ 584 \\ \hline \end{array}$$

㉓
$$\begin{array}{r} 811 \\ -\ 694 \\ \hline \end{array}$$

㉔
$$\begin{array}{r} 553 \\ -\ 284 \\ \hline \end{array}$$

㉕
$$\begin{array}{r} 882 \\ -\ 593 \\ \hline \end{array}$$

㉖
$$\begin{array}{r} 541 \\ -\ 364 \\ \hline \end{array}$$

㉗
$$\begin{array}{r} 923 \\ -\ 754 \\ \hline \end{array}$$

㉘
$$\begin{array}{r} 632 \\ -\ 164 \\ \hline \end{array}$$

㉙
$$\begin{array}{r} 441 \\ -\ 174 \\ \hline \end{array}$$

㉚
$$\begin{array}{r} 901 \\ -\ 653 \\ \hline \end{array}$$

08 받아내림이 두 번 있는 (세 자리 수) − (세 자리 수) 복습 B

□ 안에 알맞은 수를 써넣으세요.

❶ 925 − 757 = □
15 − 7 = □
110 − 50 = □
800 − 700 = □

❷ 443 − 179 = □
13 − 9 = □
130 − 70 = □
300 − 100 = □

❸ 661 − 397 = □
11 − 7 = □
150 − 90 = □
500 − 300 = □

❹ 885 − 597 = □
15 − 7 = □
170 − 90 = □
700 − 500 = □

❺ 334 − 167 = □
14 − 7 = □
120 − 60 = □
200 − 100 = □

❻ 552 − 287 = □
12 − 7 = □
140 − 80 = □
400 − 200 = □

❼ 776 − 487 = □
16 − 7 = □
160 − 80 = □
600 − 400 = □

❽ 904 − 627 = □
14 − 7 = □
90 − 20 = □
800 − 600 = □

정답 96쪽

공부한 날짜	맞힌 개수	걸린 시간
월 일	/29	분

빨셈을 하세요.

9 622 − 147

16 841 − 393

23 952 − 473

10 512 − 263

17 732 − 283

24 372 − 193

11 621 − 173

18 401 − 233

25 512 − 343

12 761 − 383

19 621 − 453

26 951 − 782

13 841 − 673

20 732 − 563

27 361 − 192

14 731 − 452

21 841 − 562

28 951 − 672

15 401 − 122

22 511 − 232

29 621 − 342

01 곱셈과 나눗셈의 관계

복습 A

□ 안에 알맞은 수를 써넣으세요.

1. $5 \times 7 = 35$
   - $35 \div 5 = \square$
   - $35 \div 7 = \square$

2. $7 \times 3 = 21$
   - $21 \div 7 = \square$
   - $21 \div 3 = \square$

3. $3 \times 5 = 15$
   - $15 \div 3 = \square$
   - $15 \div 5 = \square$

4. $6 \times 5 = 30$
   - $30 \div 6 = \square$
   - $30 \div 5 = \square$

5. $3 \times 7 = 21$
   - $21 \div 3 = \square$
   - $21 \div 7 = \square$

6. $8 \times 5 = 40$
   - $40 \div 8 = \square$
   - $40 \div 5 = \square$

7. $2 \times 3 = 6$
   - $6 \div 2 = \square$
   - $6 \div 3 = \square$

8. $9 \times 6 = 54$
   - $54 \div 9 = \square$
   - $54 \div 6 = \square$

9. $7 \times 4 = 28$
   - $28 \div 7 = \square$
   - $28 \div 4 = \square$

10. $8 \times 9 = 72$
    - $72 \div 8 = \square$
    - $72 \div 9 = \square$

정답 97쪽

공부한 날짜	맞힌 개수	걸린 시간
월 일	/20	분

□ 안에 알맞은 수를 써넣으세요.

11. 9×3=27
- □÷9=□
- □÷3=□

12. 8×7=56
- □÷8=□
- □÷7=□

13. 3×9=27
- □÷3=□
- □÷9=□

14. 4×3=12
- □÷4=□
- □÷3=□

15. 9×4=36
- □÷9=□
- □÷4=□

16. 2×4=8
- □÷2=□
- □÷4=□

17. 5×4=20
- □÷5=□
- □÷4=□

18. 2×6=12
- □÷2=□
- □÷6=□

19. 7×8=56
- □÷7=□
- □÷8=□

20. 6×7=42
- □÷6=□
- □÷7=□

02 곱셈과 나눗셈의 관계

복습 B

□ 안에 알맞은 수를 써넣으세요.

1. 56 ÷ 8 = 7
   - 8 × 7 = □
   - 7 × 8 = □

2. 18 ÷ 9 = 2
   - 9 × 2 = □
   - 2 × 9 = □

3. 48 ÷ 8 = 6
   - 8 × 6 = □
   - 6 × 8 = □

4. 12 ÷ 2 = 6
   - 2 × 6 = □
   - 6 × 2 = □

5. 48 ÷ 6 = 8
   - 6 × 8 = □
   - 8 × 6 = □

6. 20 ÷ 4 = 5
   - 4 × 5 = □
   - 5 × 4 = □

7. 15 ÷ 3 = 5
   - 3 × 5 = □
   - 5 × 3 = □

8. 30 ÷ 5 = 6
   - 5 × 6 = □
   - 6 × 5 = □

9. 72 ÷ 8 = 9
   - 8 × 9 = □
   - 9 × 8 = □

10. 42 ÷ 6 = 7
    - 6 × 7 = □
    - 7 × 6 = □

정답 97쪽

공부한 날짜	맞힌 개수	걸린 시간
월 일	/20	분

□ 안에 알맞은 수를 써넣으세요.

⑪ 21 ÷ 7 = 3
□ × 3 = □
□ × 7 = □

⑫ 24 ÷ 4 = 6
□ × 6 = □
□ × 4 = □

⑬ 24 ÷ 8 = 3
□ × 3 = □
□ × 8 = □

⑭ 12 ÷ 6 = 2
□ × 2 = □
□ × 6 = □

⑮ 10 ÷ 2 = 5
□ × 5 = □
□ × 2 = □

⑯ 27 ÷ 9 = 3
□ × 3 = □
□ × 9 = □

⑰ 21 ÷ 3 = 7
□ × 7 = □
□ × 3 = □

⑱ 18 ÷ 2 = 9
□ × 9 = □
□ × 2 = □

⑲ 35 ÷ 5 = 7
□ × 7 = □
□ × 5 = □

⑳ 56 ÷ 7 = 8
□ × 8 = □
□ × 7 = □

03 나눗셈의 몫 구하기

복습 A

□ 안에 알맞은 수를 써넣으세요.

① 10 ÷ 2 = □
↓ ↑
2 × □ = 10

② 28 ÷ 4 = □
↓ ↑
4 × □ = 28

③ 20 ÷ 5 = □
↓ ↑
5 × □ = 20

④ 30 ÷ 6 = □
↓ ↑
6 × □ = 30

⑤ 16 ÷ 8 = □
↓ ↑
8 × □ = 16

⑥ 40 ÷ 8 = □
↓ ↑
8 × □ = 40

⑦ 81 ÷ 9 = □
↓ ↑
9 × □ = 81

⑧ 48 ÷ 6 = □
↓ ↑
6 × □ = 48

⑨ 36 ÷ 4 = □
↓ ↑
4 × □ = 36

⑩ 20 ÷ 4 = □
↓ ↑
4 × □ = 20

⑪ 24 ÷ 6 = □
↓ ↑
6 × □ = 24

⑫ 16 ÷ 2 = □
↓ ↑
2 × □ = 16

⑬ 27 ÷ 3 = □
↓ ↑
3 × □ = 27

⑭ 12 ÷ 3 = □
↓ ↑
3 × □ = 12

⑮ 42 ÷ 7 = □
↓ ↑
7 × □ = 42

정답 97쪽

공부한 날짜	맞힌 개수	걸린 시간
월 일	/39	분

나눗셈의 몫을 구하세요.

⑯ $6 \div 2$

⑰ $72 \div 8$

⑱ $9 \div 3$

⑲ $25 \div 5$

⑳ $21 \div 7$

㉑ $16 \div 2$

㉒ $12 \div 6$

㉓ $28 \div 4$

㉔ $45 \div 5$

㉕ $49 \div 7$

㉖ $72 \div 9$

㉗ $21 \div 3$

㉘ $36 \div 6$

㉙ $40 \div 8$

㉚ $36 \div 9$

㉛ $48 \div 8$

㉜ $12 \div 4$

㉝ $18 \div 6$

㉞ $8 \div 2$

㉟ $15 \div 5$

㊱ $12 \div 3$

㊲ $36 \div 4$

㊳ $35 \div 7$

㊴ $81 \div 9$

01 (몇십)×(몇) 복습 A

□ 안에 알맞은 수를 써넣으세요.

❶ $8 \times 7 = \square$
↓10배 ↓10배
$80 \times 7 = \square$

❷ $9 \times 6 = \square$
↓10배 ↓10배
$90 \times 6 = \square$

❸ $3 \times 7 = \square$
↓10배 ↓10배
$30 \times 7 = \square$

❹ $5 \times 8 = \square$
↓10배 ↓10배
$50 \times 8 = \square$

❺ $8 \times 8 = \square$
↓10배 ↓10배
$80 \times 8 = \square$

❻ $2 \times 2 = \square$
↓10배 ↓10배
$20 \times 2 = \square$

❼ $4 \times 6 = \square$
↓10배 ↓10배
$40 \times 6 = \square$

❽ $7 \times 6 = \square$
↓10배 ↓10배
$70 \times 6 = \square$

❾ $5 \times 2 = \square$
↓10배 ↓10배
$50 \times 2 = \square$

❿ $3 \times 9 = \square$
↓10배 ↓10배
$30 \times 9 = \square$

⓫ $6 \times 2 = \square$
↓10배 ↓10배
$60 \times 2 = \square$

⓬ $2 \times 6 = \square$
↓10배 ↓10배
$20 \times 6 = \square$

⓭ $6 \times 3 = \square$
↓10배 ↓10배
$60 \times 3 = \square$

⓮ $2 \times 7 = \square$
↓10배 ↓10배
$20 \times 7 = \square$

⓯ $5 \times 4 = \square$
↓10배 ↓10배
$50 \times 4 = \square$

정답 98쪽

공부한 날짜	맞힌 개수	걸린 시간
월 일	/36	분

곱셈을 하세요.

⑯ 70×9

⑰ 40×5

⑱ 60×9

⑲ 90×4

⑳ 60×7

㉑ 60×5

㉒ 90×8

㉓ 20×9

㉔ 40×8

㉕ 70×2

㉖ 20×8

㉗ 40×4

㉘ 90×2

㉙ 50×5

㉚ 30×4

㉛ 70×3

㉜ 20×5

㉝ 70×8

㉞ 30×6

㉟ 80×6

㊱ 30×8

02 (몇십)×(몇)

복습 B

곱셈을 하세요.

❶ 90×9

❷ 60×5

❸ 50×2

❹ 70×3

❺ 70×8

❻ 40×4

❼ 20×4

❽ 80×7

❾ 30×6

❿ 30×3

⓫ 80×3

⓬ 60×3

⓭ 40×8

⓮ 50×9

⓯ 90×8

정답 98쪽

공부한 날짜	맞힌 개수	걸린 시간
월 일	/30	분

곱셈을 하세요.

⑯ $\begin{array}{r} 40 \\ \times \quad 6 \\ \hline \end{array}$

⑰ $\begin{array}{r} 70 \\ \times \quad 7 \\ \hline \end{array}$

⑱ $\begin{array}{r} 50 \\ \times \quad 4 \\ \hline \end{array}$

⑲ $\begin{array}{r} 20 \\ \times \quad 8 \\ \hline \end{array}$

⑳ $\begin{array}{r} 60 \\ \times \quad 9 \\ \hline \end{array}$

㉑ $\begin{array}{r} 80 \\ \times \quad 9 \\ \hline \end{array}$

㉒ $\begin{array}{r} 20 \\ \times \quad 3 \\ \hline \end{array}$

㉓ $\begin{array}{r} 60 \\ \times \quad 7 \\ \hline \end{array}$

㉔ $\begin{array}{r} 90 \\ \times \quad 2 \\ \hline \end{array}$

㉕ $\begin{array}{r} 30 \\ \times \quad 9 \\ \hline \end{array}$

㉖ $\begin{array}{r} 50 \\ \times \quad 5 \\ \hline \end{array}$

㉗ $\begin{array}{r} 80 \\ \times \quad 5 \\ \hline \end{array}$

㉘ $\begin{array}{r} 30 \\ \times \quad 4 \\ \hline \end{array}$

㉙ $\begin{array}{r} 40 \\ \times \quad 3 \\ \hline \end{array}$

㉚ $\begin{array}{r} 70 \\ \times \quad 5 \\ \hline \end{array}$

03 올림이 없는 (몇십몇)×(몇) 복습 A

곱셈을 하세요.

❶ $\begin{array}{r} 22 \\ \times \quad 3 \\ \hline \end{array}$

일의 자리를 계산한 6과
십의 자리를 계산한 60을
더해요.

❷ $\begin{array}{r} 31 \\ \times \quad 1 \\ \hline \end{array}$

❸ $\begin{array}{r} 31 \\ \times \quad 2 \\ \hline \end{array}$

❹ $\begin{array}{r} 23 \\ \times \quad 2 \\ \hline \end{array}$

❺ $\begin{array}{r} 21 \\ \times \quad 3 \\ \hline \end{array}$

❻ $\begin{array}{r} 37 \\ \times \quad 1 \\ \hline \end{array}$

❼ $\begin{array}{r} 21 \\ \times \quad 2 \\ \hline \end{array}$

❽ $\begin{array}{r} 46 \\ \times \quad 1 \\ \hline \end{array}$

❾ $\begin{array}{r} 23 \\ \times \quad 1 \\ \hline \end{array}$

❿ $\begin{array}{r} 42 \\ \times \quad 2 \\ \hline \end{array}$

⓫ $\begin{array}{r} 32 \\ \times \quad 2 \\ \hline \end{array}$

⓬ $\begin{array}{r} 41 \\ \times \quad 2 \\ \hline \end{array}$

⓭ $\begin{array}{r} 22 \\ \times \quad 2 \\ \hline \end{array}$

⓮ $\begin{array}{r} 33 \\ \times \quad 3 \\ \hline \end{array}$

⓯ $\begin{array}{r} 28 \\ \times \quad 1 \\ \hline \end{array}$

정답 98쪽

공부한 날짜	맞힌 개수	걸린 시간
월 일	/30	분

곱셈을 하세요.

16 $\begin{array}{r} 34 \\ \times\ \ 2 \\ \hline \end{array}$

17 $\begin{array}{r} 65 \\ \times\ \ 1 \\ \hline \end{array}$

18 $\begin{array}{r} 23 \\ \times\ \ 3 \\ \hline \end{array}$

19 $\begin{array}{r} 22 \\ \times\ \ 4 \\ \hline \end{array}$

20 $\begin{array}{r} 51 \\ \times\ \ 1 \\ \hline \end{array}$

21 $\begin{array}{r} 77 \\ \times\ \ 1 \\ \hline \end{array}$

22 $\begin{array}{r} 21 \\ \times\ \ 4 \\ \hline \end{array}$

23 $\begin{array}{r} 31 \\ \times\ \ 3 \\ \hline \end{array}$

24 $\begin{array}{r} 95 \\ \times\ \ 1 \\ \hline \end{array}$

25 $\begin{array}{r} 43 \\ \times\ \ 2 \\ \hline \end{array}$

26 $\begin{array}{r} 44 \\ \times\ \ 2 \\ \hline \end{array}$

27 $\begin{array}{r} 32 \\ \times\ \ 3 \\ \hline \end{array}$

28 $\begin{array}{r} 33 \\ \times\ \ 2 \\ \hline \end{array}$

29 $\begin{array}{r} 24 \\ \times\ \ 2 \\ \hline \end{array}$

30 $\begin{array}{r} 83 \\ \times\ \ 1 \\ \hline \end{array}$

04 올림이 없는 (몇십몇)×(몇) 복습 B

□ 안에 알맞은 수를 써넣으세요.

❶
$30 \times 2 = \square$
$4 \times 2 = \square$
$34 \times 2 = \square$

❷
$30 \times 3 = \square$
$2 \times 3 = \square$
$32 \times 3 = \square$

❸
$60 \times 1 = \square$
$6 \times 1 = \square$
$66 \times 1 = \square$

❹
$20 \times 3 = \square$
$2 \times 3 = \square$
$22 \times 3 = \square$

❺
$20 \times 2 = \square$
$1 \times 2 = \square$
$21 \times 2 = \square$

❻
$20 \times 1 = \square$
$3 \times 1 = \square$
$23 \times 1 = \square$

❼
$20 \times 3 = \square$
$1 \times 3 = \square$
$21 \times 3 = \square$

❽
$90 \times 1 = \square$
$2 \times 1 = \square$
$92 \times 1 = \square$

❾
$30 \times 3 = \square$
$1 \times 3 = \square$
$31 \times 3 = \square$

❿
$70 \times 1 = \square$
$9 \times 1 = \square$
$79 \times 1 = \square$

⓫
$30 \times 2 = \square$
$1 \times 2 = \square$
$31 \times 2 = \square$

⓬
$40 \times 2 = \square$
$4 \times 2 = \square$
$44 \times 2 = \square$

⓭
$20 \times 4 = \square$
$2 \times 4 = \square$
$22 \times 4 = \square$

⓮
$50 \times 1 = \square$
$7 \times 1 = \square$
$57 \times 1 = \square$

⓯
$20 \times 3 = \square$
$3 \times 3 = \square$
$23 \times 3 = \square$

정답 98쪽

공부한 날짜	맞힌 개수	걸린 시간
월 일	/36	분

곱셈을 하세요.

⑯ 82×1

⑰ 33×2

⑱ 33×3

⑲ 32×2

⑳ 27×1

㉑ 43×2

㉒ 52×1

㉓ 42×2

㉔ 61×1

㉕ 38×1

㉖ 91×1

㉗ 23×2

㉘ 94×1

㉙ 21×4

㉚ 71×1

㉛ 24×2

㉜ 87×1

㉝ 41×2

㉞ 55×1

㉟ 48×1

㊱ 32×1

05 올림이 한 번 있는 (몇십몇)×(몇)① 복습 A

곱셈을 하세요.

1. 81×3

6. 62×2

11. 41×7

2. 94×2

7. 21×8

12. 54×2

3. 41×8

8. 84×2

13. 31×4

4. 31×9

9. 51×3

14. 73×2

5. 74×2

10. 43×3

15. 62×4

정답 99쪽

공부한 날짜	맞힌 개수	걸린 시간
월 일	/30	분

곱셈을 하세요.

⑯ $\begin{array}{r} 42 \\ \times\ \ 3 \\ \hline \end{array}$

⑰ $\begin{array}{r} 63 \\ \times\ \ 2 \\ \hline \end{array}$

⑱ $\begin{array}{r} 83 \\ \times\ \ 2 \\ \hline \end{array}$

⑲ $\begin{array}{r} 92 \\ \times\ \ 4 \\ \hline \end{array}$

⑳ $\begin{array}{r} 31 \\ \times\ \ 7 \\ \hline \end{array}$

㉑ $\begin{array}{r} 72 \\ \times\ \ 4 \\ \hline \end{array}$

㉒ $\begin{array}{r} 31 \\ \times\ \ 6 \\ \hline \end{array}$

㉓ $\begin{array}{r} 51 \\ \times\ \ 9 \\ \hline \end{array}$

㉔ $\begin{array}{r} 41 \\ \times\ \ 4 \\ \hline \end{array}$

㉕ $\begin{array}{r} 72 \\ \times\ \ 2 \\ \hline \end{array}$

㉖ $\begin{array}{r} 93 \\ \times\ \ 2 \\ \hline \end{array}$

㉗ $\begin{array}{r} 52 \\ \times\ \ 4 \\ \hline \end{array}$

㉘ $\begin{array}{r} 82 \\ \times\ \ 4 \\ \hline \end{array}$

㉙ $\begin{array}{r} 21 \\ \times\ \ 5 \\ \hline \end{array}$

㉚ $\begin{array}{r} 41 \\ \times\ \ 5 \\ \hline \end{array}$

06 올림이 한 번 있는 (몇십몇)×(몇)① 복습 B

☐ 안에 알맞은 수를 써넣으세요.

❶
$90 \times 2 = \square$
$4 \times 2 = \square$
$94 \times 2 = \square$

❷
$80 \times 5 = \square$
$1 \times 5 = \square$
$81 \times 5 = \square$

❸
$60 \times 3 = \square$
$1 \times 3 = \square$
$61 \times 3 = \square$

❹
$50 \times 2 = \square$
$3 \times 2 = \square$
$53 \times 2 = \square$

❺
$70 \times 3 = \square$
$1 \times 3 = \square$
$71 \times 3 = \square$

❻
$50 \times 3 = \square$
$2 \times 3 = \square$
$52 \times 3 = \square$

❼
$70 \times 7 = \square$
$1 \times 7 = \square$
$71 \times 7 = \square$

❽
$50 \times 3 = \square$
$3 \times 3 = \square$
$53 \times 3 = \square$

❾
$80 \times 8 = \square$
$1 \times 8 = \square$
$81 \times 8 = \square$

❿
$60 \times 4 = \square$
$1 \times 4 = \square$
$61 \times 4 = \square$

⓫
$60 \times 8 = \square$
$1 \times 8 = \square$
$61 \times 8 = \square$

⓬
$80 \times 2 = \square$
$2 \times 2 = \square$
$82 \times 2 = \square$

⓭
$90 \times 8 = \square$
$1 \times 8 = \square$
$91 \times 8 = \square$

⓮
$50 \times 6 = \square$
$1 \times 6 = \square$
$51 \times 6 = \square$

⓯
$90 \times 2 = \square$
$2 \times 2 = \square$
$92 \times 2 = \square$

정답 99쪽

공부한 날짜	맞힌 개수	걸린 시간
월 일	/36	분

곱셈을 하세요.

⑯ 21×8

㉓ 73×3

㉚ 83×3

⑰ 61×2

㉔ 81×3

㉛ 93×2

⑱ 81×9

㉕ 92×3

㉜ 71×4

⑲ 82×4

㉖ 91×6

㉝ 83×2

⑳ 21×6

㉗ 72×4

㉞ 92×4

㉑ 31×6

㉘ 42×3

㉟ 52×3

㉒ 92×2

㉙ 53×2

㊱ 84×2

07 올림이 한 번 있는 (몇십몇)×(몇)② 복습 A

곱셈을 하세요.

❶ $\begin{array}{r} 35 \\ \times \quad 3 \\ \hline \end{array}$

① 5 × 3 = 15이므로 10을 올림해요.
② 30 × 3 = 90에 올림한 10을 더해요.

❷ $\begin{array}{r} 27 \\ \times \quad 3 \\ \hline \end{array}$

❸ $\begin{array}{r} 19 \\ \times \quad 9 \\ \hline \end{array}$

❹ $\begin{array}{r} 29 \\ \times \quad 4 \\ \hline \end{array}$

❺ $\begin{array}{r} 39 \\ \times \quad 3 \\ \hline \end{array}$

❻ $\begin{array}{r} 19 \\ \times \quad 3 \\ \hline \end{array}$

❼ $\begin{array}{r} 14 \\ \times \quad 4 \\ \hline \end{array}$

❽ $\begin{array}{r} 17 \\ \times \quad 7 \\ \hline \end{array}$

❾ $\begin{array}{r} 16 \\ \times \quad 8 \\ \hline \end{array}$

❿ $\begin{array}{r} 12 \\ \times \quad 5 \\ \hline \end{array}$

⓫ $\begin{array}{r} 25 \\ \times \quad 2 \\ \hline \end{array}$

⓬ $\begin{array}{r} 15 \\ \times \quad 3 \\ \hline \end{array}$

⓭ $\begin{array}{r} 37 \\ \times \quad 2 \\ \hline \end{array}$

⓮ $\begin{array}{r} 26 \\ \times \quad 3 \\ \hline \end{array}$

⓯ $\begin{array}{r} 15 \\ \times \quad 8 \\ \hline \end{array}$

정답 99쪽

공부한 날짜	맞힌 개수	걸린 시간
월 일	/30	분

곱셈을 하세요.

⑯ $\begin{array}{r} 25 \\ \times \quad 4 \\ \hline \end{array}$

⑰ $\begin{array}{r} 28 \\ \times \quad 2 \\ \hline \end{array}$

⑱ $\begin{array}{r} 26 \\ \times \quad 4 \\ \hline \end{array}$

⑲ $\begin{array}{r} 25 \\ \times \quad 3 \\ \hline \end{array}$

⑳ $\begin{array}{r} 39 \\ \times \quad 2 \\ \hline \end{array}$

㉑ $\begin{array}{r} 36 \\ \times \quad 2 \\ \hline \end{array}$

㉒ $\begin{array}{r} 14 \\ \times \quad 6 \\ \hline \end{array}$

㉓ $\begin{array}{r} 17 \\ \times \quad 2 \\ \hline \end{array}$

㉔ $\begin{array}{r} 28 \\ \times \quad 4 \\ \hline \end{array}$

㉕ $\begin{array}{r} 16 \\ \times \quad 2 \\ \hline \end{array}$

㉖ $\begin{array}{r} 12 \\ \times \quad 6 \\ \hline \end{array}$

㉗ $\begin{array}{r} 24 \\ \times \quad 3 \\ \hline \end{array}$

㉘ $\begin{array}{r} 38 \\ \times \quad 2 \\ \hline \end{array}$

㉙ $\begin{array}{r} 29 \\ \times \quad 2 \\ \hline \end{array}$

㉚ $\begin{array}{r} 18 \\ \times \quad 5 \\ \hline \end{array}$

08 올림이 한 번 있는 (몇십몇)×(몇)② 복습 B

□ 안에 알맞은 수를 써넣으세요.

1
30×2=□
7×2=□
37×2=□

2
10×5=□
9×5=□
19×5=□

3
30×3=□
9×3=□
39×3=□

4
10×2=□
9×2=□
19×2=□

5
10×7=□
6×7=□
16×7=□

6
20×3=□
9×3=□
29×3=□

7
20×2=□
5×2=□
25×2=□

8
30×2=□
6×2=□
36×2=□

9
40×2=□
5×2=□
45×2=□

10
30×3=□
7×3=□
37×3=□

11
10×2=□
5×2=□
15×2=□

12
10×6=□
6×6=□
16×6=□

13
10×7=□
5×7=□
15×7=□

14
40×2=□
8×2=□
48×2=□

15
10×3=□
6×3=□
16×3=□

정답 99쪽

공부한 날짜	맞힌 개수	걸린 시간
월 일	/36	분

곱셈을 하세요.

⑯ 19×5

㉓ 28×2

㉚ 34×3

⑰ 25×4

㉔ 12×8

㉛ 35×3

⑱ 14×7

㉕ 29×2

㉜ 17×6

⑲ 27×3

㉖ 15×7

㉝ 18×9

⑳ 18×6

㉗ 13×7

㉞ 26×4

㉑ 16×4

㉘ 28×3

㉟ 18×3

㉒ 12×5

㉙ 16×9

㊱ 26×3

09 올림이 두 번 있는 (몇십몇)×(몇) 복습 A

곱셈을 하세요.

① $\begin{array}{r} 42 \\ \times \quad 8 \\ \hline \end{array}$

① 2 × 8 = 16이므로 10을 올림해요.
② 40 × 8 = 320에 올림한 10을 더해요.

② $\begin{array}{r} 67 \\ \times \quad 3 \\ \hline \end{array}$

③ $\begin{array}{r} 33 \\ \times \quad 7 \\ \hline \end{array}$

④ $\begin{array}{r} 56 \\ \times \quad 3 \\ \hline \end{array}$

⑤ $\begin{array}{r} 92 \\ \times \quad 6 \\ \hline \end{array}$

⑥ $\begin{array}{r} 83 \\ \times \quad 7 \\ \hline \end{array}$

⑦ $\begin{array}{r} 22 \\ \times \quad 7 \\ \hline \end{array}$

⑧ $\begin{array}{r} 78 \\ \times \quad 3 \\ \hline \end{array}$

⑨ $\begin{array}{r} 72 \\ \times \quad 7 \\ \hline \end{array}$

⑩ $\begin{array}{r} 27 \\ \times \quad 8 \\ \hline \end{array}$

⑪ $\begin{array}{r} 54 \\ \times \quad 3 \\ \hline \end{array}$

⑫ $\begin{array}{r} 94 \\ \times \quad 6 \\ \hline \end{array}$

⑬ $\begin{array}{r} 66 \\ \times \quad 3 \\ \hline \end{array}$

⑭ $\begin{array}{r} 35 \\ \times \quad 8 \\ \hline \end{array}$

⑮ $\begin{array}{r} 88 \\ \times \quad 4 \\ \hline \end{array}$

정답 100쪽

공부한 날짜	맞힌 개수	걸린 시간
월 일	/30	분

곱셈을 하세요.

⑯ 76×7

㉑ 26×7

㉖ 95×2

⑰ 85×7

㉒ 35×5

㉗ 53×6

⑱ 94×3

㉓ 43×7

㉘ 68×5

⑲ 24×7

㉔ 89×6

㉙ 37×9

⑳ 48×5

㉕ 65×7

㉚ 78×7

10 올림이 두 번 있는 (몇십몇)×(몇) 복습 B

□ 안에 알맞은 수를 써넣으세요.

❶
$80 \times 4 = \square$
$9 \times 4 = \square$
$89 \times 4 = \square$

❷
$70 \times 8 = \square$
$3 \times 8 = \square$
$73 \times 8 = \square$

❸
$40 \times 5 = \square$
$6 \times 5 = \square$
$46 \times 5 = \square$

❹
$60 \times 5 = \square$
$6 \times 5 = \square$
$66 \times 5 = \square$

❺
$20 \times 5 = \square$
$7 \times 5 = \square$
$27 \times 5 = \square$

❻
$90 \times 4 = \square$
$5 \times 4 = \square$
$95 \times 4 = \square$

❼
$20 \times 5 = \square$
$4 \times 5 = \square$
$24 \times 5 = \square$

❽
$70 \times 7 = \square$
$3 \times 7 = \square$
$73 \times 7 = \square$

❾
$60 \times 7 = \square$
$7 \times 7 = \square$
$67 \times 7 = \square$

❿
$80 \times 2 = \square$
$8 \times 2 = \square$
$88 \times 2 = \square$

⓫
$30 \times 9 = \square$
$4 \times 9 = \square$
$34 \times 9 = \square$

⓬
$50 \times 8 = \square$
$3 \times 8 = \square$
$53 \times 8 = \square$

⓭
$50 \times 3 = \square$
$7 \times 3 = \square$
$57 \times 3 = \square$

⓮
$30 \times 5 = \square$
$7 \times 5 = \square$
$37 \times 5 = \square$

⓯
$40 \times 9 = \square$
$3 \times 9 = \square$
$43 \times 9 = \square$

정답 100쪽

공부한 날짜	맞힌 개수	걸린 시간
월 일	/36	분

곱셈을 하세요.

⑯ 59×5

⑰ 75×5

⑱ 93×8

⑲ 67×6

⑳ 76×9

㉑ 22×8

㉒ 53×4

㉓ 24×9

㉔ 82×6

㉕ 34×5

㉖ 95×8

㉗ 63×6

㉘ 83×9

㉙ 37×6

㉚ 97×6

㉛ 32×6

㉜ 64×6

㉝ 43×4

㉞ 86×7

㉟ 47×9

㊱ 79×3

01 cm와 mm가 있는 길이의 덧셈 복습 A

계산을 하세요.

❶
	1 cm	3 mm
+	6 cm	8 mm

① 3 mm + 8 mm = 11 mm이므로 10 mm를 1 cm로 받아올림해요.
② 1 cm + 6 cm = 7 cm에 받아올림한 1 cm를 더해요.

❷
	8 cm	5 mm
+	6 cm	7 mm

❸
	2 cm	4 mm
+	5 cm	8 mm

❹
	8 cm	3 mm
+	4 cm	9 mm

❺
	4 cm	8 mm
+	9 cm	3 mm

❻
	2 cm	6 mm
+	7 cm	6 mm

❼
	3 cm	2 mm
+	3 cm	9 mm

❽
	4 cm	6 mm
+	7 cm	5 mm

❾
	9 cm	7 mm
+	8 cm	5 mm

❿
	1 cm	9 mm
+	3 cm	2 mm

정답 101쪽

공부한 날짜	맞힌 개수	걸린 시간
월 일	/24	분

계산을 하세요.

⑪ 6 cm 2 mm + 5 cm 9 mm

⑫ 1 cm 8 mm + 2 cm 3 mm

⑬ 7 cm 7 mm + 1 cm 4 mm

⑭ 2 cm 8 mm + 9 cm 4 mm

⑮ 9 cm 9 mm + 5 cm 3 mm

⑯ 5 cm 4 mm + 4 cm 9 mm

⑰ 2 cm 4 mm + 6 cm 9 mm

⑱ 3 cm 6 mm + 8 cm 7 mm

⑲ 5 cm 7 mm + 1 cm 5 mm

⑳ 4 cm 4 mm + 7 cm 8 mm

㉑ 1 cm 6 mm + 9 cm 5 mm

㉒ 3 cm 8 mm + 1 cm 5 mm

㉓ 6 cm 7 mm + 7 cm 6 mm

㉔ 6 cm 5 mm + 5 cm 8 mm

02 cm와 mm가 있는 길이의 뺄셈 복습 A

계산을 하세요.

❶
	8 cm	5 mm
−	6 cm	8 mm

① 5 mm에서 8 mm를 뺄 수 없으므로 1 cm를 받아 내림해요.
② 7 cm − 6 cm를 계산해요.

❷
	8 cm	4 mm
−	5 cm	8 mm

❸
	5 cm	5 mm
−	1 cm	7 mm

❹
	9 cm	3 mm
−	4 cm	8 mm

❺
	9 cm	5 mm
−	3 cm	7 mm

❻
	9 cm	5 mm
−	7 cm	6 mm

❼
	9 cm	6 mm
−	3 cm	7 mm

❽
	8 cm	5 mm
−	1 cm	6 mm

❾
	9 cm	1 mm
−	7 cm	6 mm

❿
	8 cm	5 mm
−	2 cm	7 mm

정답 101쪽

공부한 날짜	맞힌 개수	걸린 시간
월 일	/24	분

계산을 하세요.

⑪ 6 cm 5 mm − 2 cm 7 mm

⑫ 7 cm 5 mm − 3 cm 8 mm

⑬ 9 cm 5 mm − 1 cm 6 mm

⑭ 6 cm 4 mm − 2 cm 9 mm

⑮ 7 cm 4 mm − 1 cm 7 mm

⑯ 6 cm 5 mm − 4 cm 6 mm

⑰ 9 cm 4 mm − 6 cm 7 mm

⑱ 9 cm 3 mm − 5 cm 9 mm

⑲ 5 cm 4 mm − 2 cm 8 mm

⑳ 9 cm 4 mm − 2 cm 8 mm

㉑ 8 cm 2 mm − 3 cm 9 mm

㉒ 5 cm 4 mm − 1 cm 7 mm

㉓ 8 cm 4 mm − 4 cm 7 mm

㉔ 6 cm 4 mm − 4 cm 9 mm

03 km와 m가 있는 길이의 덧셈 복습 A

계산을 하세요.

❶
$$\begin{array}{rrr} & 2\,\text{km} & 400\,\text{m} \\ + & 3\,\text{km} & 800\,\text{m} \\ \hline \end{array}$$

① 400 m + 800 m = 1200 m이므로 1000 m를 1 km로 받아올림해요.
② 2 km + 3 km = 5 km에 받아올림한 1 km를 더해요.

❷
$$\begin{array}{rrr} & 4\,\text{km} & 300\,\text{m} \\ + & 6\,\text{km} & 900\,\text{m} \\ \hline \end{array}$$

❸
$$\begin{array}{rrr} & 9\,\text{km} & 800\,\text{m} \\ + & 7\,\text{km} & 500\,\text{m} \\ \hline \end{array}$$

❹
$$\begin{array}{rrr} & 3\,\text{km} & 700\,\text{m} \\ + & 4\,\text{km} & 400\,\text{m} \\ \hline \end{array}$$

❺
$$\begin{array}{rrr} & 9\,\text{km} & 400\,\text{m} \\ + & 1\,\text{km} & 700\,\text{m} \\ \hline \end{array}$$

❻
$$\begin{array}{rrr} & 5\,\text{km} & 400\,\text{m} \\ + & 5\,\text{km} & 800\,\text{m} \\ \hline \end{array}$$

❼
$$\begin{array}{rrr} & 7\,\text{km} & 400\,\text{m} \\ + & 4\,\text{km} & 800\,\text{m} \\ \hline \end{array}$$

❽
$$\begin{array}{rrr} & 1\,\text{km} & 200\,\text{m} \\ + & 3\,\text{km} & 900\,\text{m} \\ \hline \end{array}$$

❾
$$\begin{array}{rrr} & 8\,\text{km} & 300\,\text{m} \\ + & 2\,\text{km} & 700\,\text{m} \\ \hline \end{array}$$

❿
$$\begin{array}{rrr} & 2\,\text{km} & 900\,\text{m} \\ + & 8\,\text{km} & 500\,\text{m} \\ \hline \end{array}$$

정답 101쪽

공부한 날짜	맞힌 개수	걸린 시간
월 일	/24	분

계산을 하세요.

⑪ 4 km 400 m + 1 km 700 m

⑫ 5 km 600 m + 1 km 500 m

⑬ 6 km 700 m + 8 km 700 m

⑭ 9 km 700 m + 6 km 500 m

⑮ 2 km 500 m + 4 km 700 m

⑯ 7 km 700 m + 7 km 500 m

⑰ 5 km 800 m + 3 km 600 m

⑱ 2 km 400 m + 1 km 700 m

⑲ 4 km 900 m + 5 km 300 m

⑳ 7 km 500 m + 5 km 700 m

㉑ 1 km 700 m + 8 km 700 m

㉒ 6 km 500 m + 6 km 800 m

㉓ 8 km 900 m + 1 km 300 m

㉔ 3 km 800 m + 5 km 300 m

04 km와 m가 있는 길이의 뺄셈 복습 A

계산을 하세요.

❶
$$\begin{array}{r} 4\,\text{km}\quad 400\,\text{m} \\ -\ \ 1\,\text{km}\quad 700\,\text{m} \\ \hline \end{array}$$

① 400 m에서 700 m를 뺄 수 없으므로 1 km를 받아 내림해요.
② 3 km－1 km를 계산해요.

❷
$$\begin{array}{r} 3\,\text{km}\quad 200\,\text{m} \\ -\ \ 1\,\text{km}\quad 900\,\text{m} \\ \hline \end{array}$$

❸
$$\begin{array}{r} 9\,\text{km}\quad 500\,\text{m} \\ -\ \ 6\,\text{km}\quad 700\,\text{m} \\ \hline \end{array}$$

❹
$$\begin{array}{r} 8\,\text{km}\quad 600\,\text{m} \\ -\ \ 6\,\text{km}\quad 700\,\text{m} \\ \hline \end{array}$$

❺
$$\begin{array}{r} 6\,\text{km}\quad 600\,\text{m} \\ -\ \ 2\,\text{km}\quad 700\,\text{m} \\ \hline \end{array}$$

❻
$$\begin{array}{r} 6\,\text{km}\quad 400\,\text{m} \\ -\ \ 3\,\text{km}\quad 700\,\text{m} \\ \hline \end{array}$$

❼
$$\begin{array}{r} 9\,\text{km}\quad 300\,\text{m} \\ -\ \ 3\,\text{km}\quad 800\,\text{m} \\ \hline \end{array}$$

❽
$$\begin{array}{r} 8\,\text{km}\quad 300\,\text{m} \\ -\ \ 2\,\text{km}\quad 700\,\text{m} \\ \hline \end{array}$$

❾
$$\begin{array}{r} 7\,\text{km}\quad 600\,\text{m} \\ -\ \ 1\,\text{km}\quad 700\,\text{m} \\ \hline \end{array}$$

❿
$$\begin{array}{r} 9\,\text{km}\quad 300\,\text{m} \\ -\ \ 4\,\text{km}\quad 900\,\text{m} \\ \hline \end{array}$$

정답 101쪽

공부한 날짜	맞힌 개수	걸린 시간
월 일	/24	분

계산을 하세요.

⑪ 8 km 500 m − 5 km 700 m

⑫ 9 km 600 m − 5 km 800 m

⑬ 4 km 500 m − 2 km 700 m

⑭ 8 km 400 m − 3 km 700 m

⑮ 7 km 200 m − 3 km 900 m

⑯ 3 km 600 m − 1 km 900 m

⑰ 5 km 400 m − 2 km 800 m

⑱ 7 km 400 m − 4 km 800 m

⑲ 5 km 600 m − 2 km 700 m

⑳ 9 km 500 m − 7 km 800 m

㉑ 6 km 600 m − 2 km 900 m

㉒ 5 km 400 m − 1 km 800 m

㉓ 8 km 500 m − 2 km 900 m

㉔ 5 km 500 m − 2 km 700 m

05 시간의 덧셈

복습 A

계산을 하세요.

①

	1시	21분	32초
+	1시간	44분	15초

②

	2시	13분	26초
+	1시간	58분	32초

③

	3시	45분	26초
+	4시간	42분	19초

④

	4시	23분	35초
+	6시간	25분	29초

⑤

	2시	42분	27초
+	4시간	48분	17초

⑥

	9시간	20분	46초
+	1시간	27분	54초

⑦

	5시간	28분	24초
+	2시간	54분	33초

⑧

	1시간	47분	11초
+	4시간	41분	36초

⑨

	1시간	35분	18초
+	3시간	54분	27초

⑩

	3시간	31분	27초
+	2시간	20분	38초

정답 102쪽

공부한 날짜	맞힌 개수	걸린 시간
월 일	/24	분

계산을 하세요.

⑪ 1시 39분 35초+3시간 13분 26초

⑱ 3시 21분 56초+2시간 34분 14초

⑫ 4시 15분 57초+4시간 42분 15초

⑲ 2시 50분 27초+5시간 23분 20초

⑬ 3시 38분 49초+3시간 19분 11초

⑳ 1시 12분 30초+1시간 52분 24초

⑭ 2시 31분 19초+3시간 17분 44초

㉑ 1시 36분 41초+2시간 20분 29초

⑮ 2시 23분 12초+2시간 31분 57초

㉒ 9시 30분 53초+2시간 14분 18초

⑯ 7시 47분 23초+3시간 55분 16초

㉓ 2시 54분 33초+5시간 15분 25초

⑰ 1시 56분 28초+5시간 28분 22초

㉔ 3시 40분 21초+3시간 56분 22초

06 시간의 뺄셈

복습 A

계산을 하세요.

❶
	9시	16분	32초
−	1시간	55분	12초

❷
	8시	47분	35초
−	5시간	49분	22초

❸
	6시	37분	51초
−	1시간	52분	17초

❹
	4시	38분	24초
−	2시간	15분	48초

❺
	8시	54분	13초
−	6시간	16분	56초

❻
	7시간	45분	51초
−	4시간	35분	58초

❼
	5시간	16분	27초
−	2시간	11분	54초

❽
	3시간	36분	28초
−	1시간	12분	41초

❾
	6시간	24분	17초
−	2시간	18분	25초

❿
	5시간	22분	48초
−	1시간	12분	57초

정답 102쪽

공부한 날짜	맞힌 개수	걸린 시간
월 일	/24	분

계산을 하세요.

⑪ 5시 53분 14초－2시간 29분 35초

⑫ 8시 37분 23초－2시간 25분 44초

⑬ 7시 51분 41초－2시간 13분 52초

⑭ 7시 31분 56초－2시간 53분 15초

⑮ 8시 29분 46초－4시간 47분 12초

⑯ 4시 14분 41초－1시간 32분 13초

⑰ 5시 32분 36초－1시간 47분 11초

⑱ 4시 44분 50초－2시 42분 57초

⑲ 6시 46분 38초－1시 56분 21초

⑳ 9시 31분 24초－4시 11분 46초

㉑ 5시 58분 33초－4시 37분 49초

㉒ 6시 21분 55초－3시 28분 19초

㉓ 6시 52분 14초－4시 35분 52초

㉔ 7시 36분 34초－3시 24분 43초

01 분수 알기

복습 A

□ 안에 알맞은 수를 써넣으세요.

1

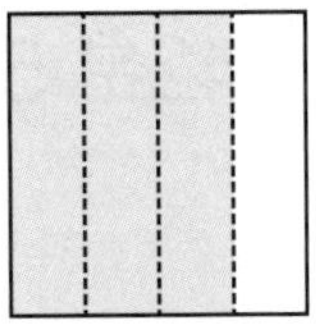

색칠한 부분은 전체를 똑같이 □로 나눈 것 중에 □이므로 전체의 $\frac{\square}{\square}$입니다.

2

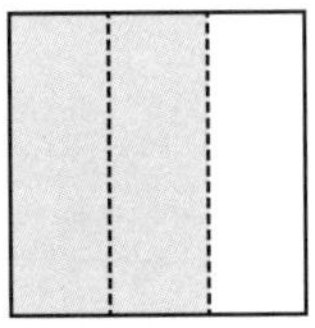

색칠한 부분은 전체를 똑같이 □으로 나눈 것 중에 □이므로 전체의 $\frac{\square}{\square}$입니다.

3

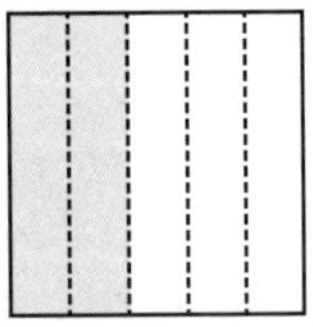

색칠한 부분은 전체를 똑같이 □로 나눈 것 중에 □이므로 전체의 $\frac{\square}{\square}$입니다.

4

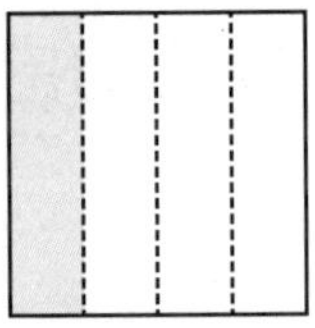

색칠한 부분은 전체를 똑같이 □로 나눈 것 중에 □이므로 전체의 $\frac{\square}{\square}$입니다.

5

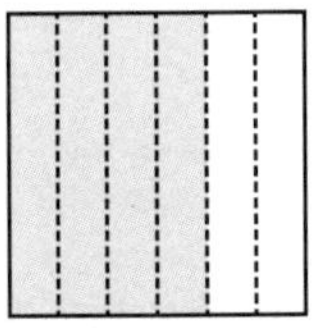

색칠한 부분은 전체를 똑같이 □으로 나눈 것 중에 □이므로 전체의 $\frac{\square}{\square}$입니다.

6

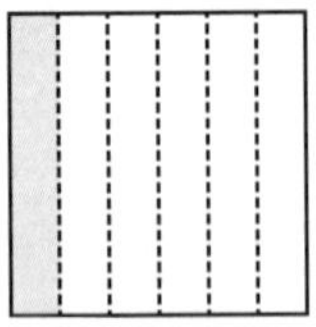

색칠한 부분은 전체를 똑같이 □으로 나눈 것 중에 □이므로 전체의 $\frac{\square}{\square}$입니다.

정답 103쪽

공부한 날짜	맞힌 개수	걸린 시간
월 일	/18	분

그림을 보고, 분수로 나타내세요.

7 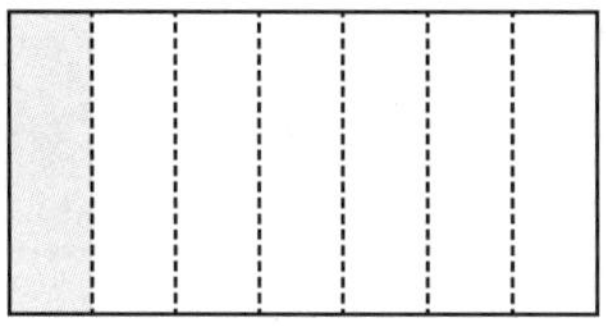 ➔ $\frac{\square}{\square}$

8 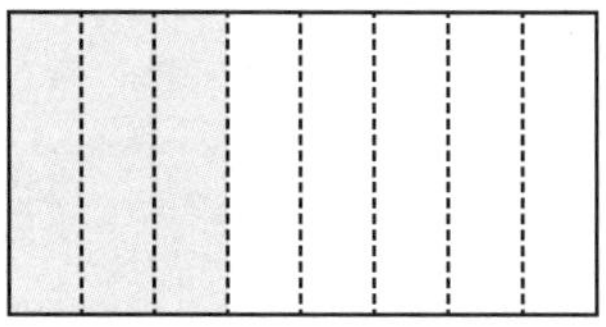 ➔ $\frac{\square}{\square}$

9 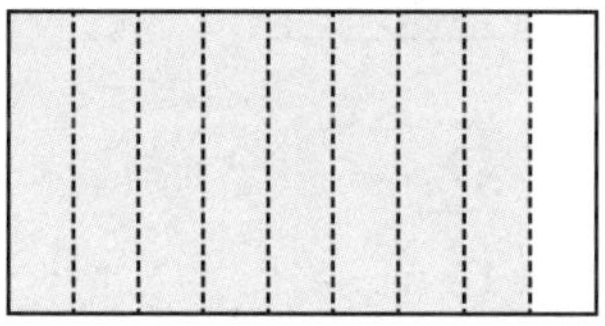 ➔ $\frac{\square}{\square}$

10 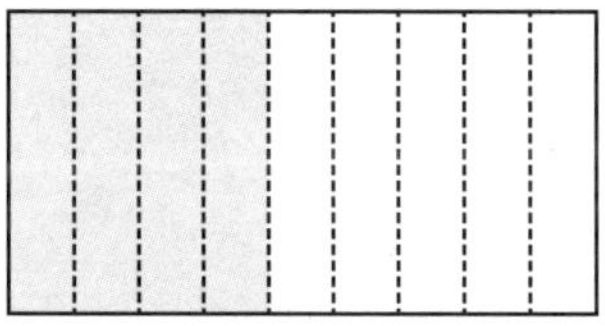 ➔ $\frac{\square}{\square}$

11 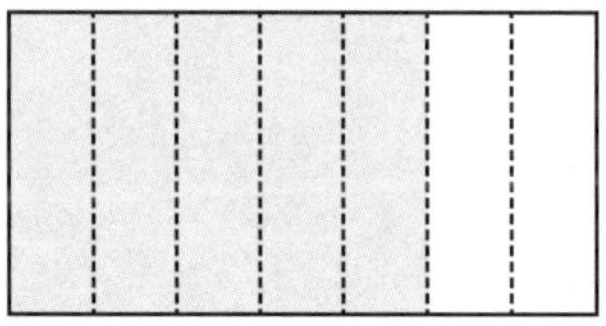 ➔ $\frac{\square}{\square}$

12 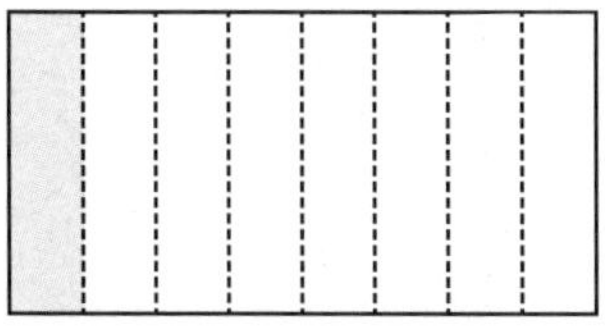 ➔ $\frac{\square}{\square}$

13 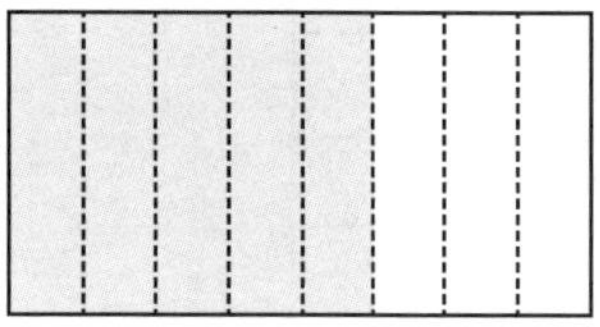 ➔ $\frac{\square}{\square}$

14 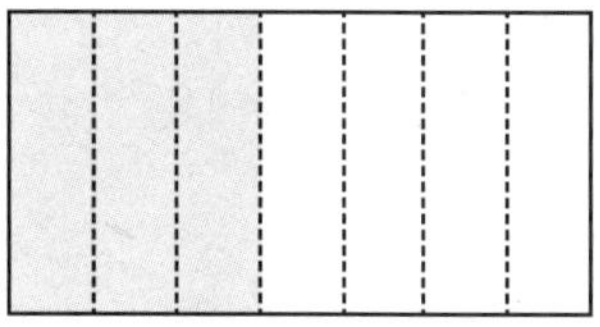 ➔ $\frac{\square}{\square}$

15 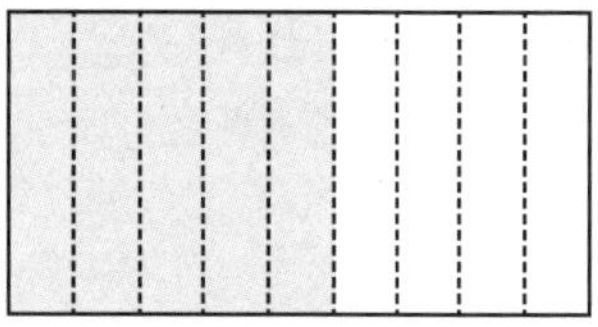 ➔ $\frac{\square}{\square}$

16 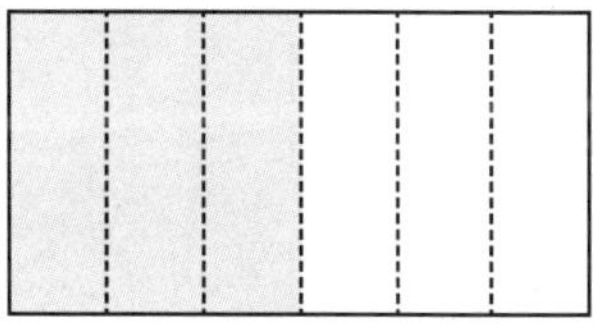 ➔ $\frac{\square}{\square}$

17  ➔ $\frac{\square}{\square}$

18 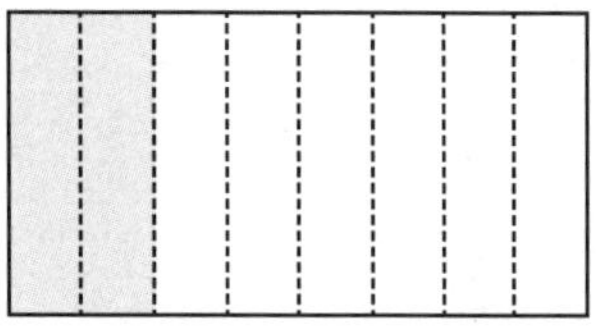 ➔ $\frac{\square}{\square}$

02 분모가 같은 분수의 크기 비교 복습 A

그림을 보고 ○ 안에 >, <를 알맞게 써넣으세요.

1 $\frac{2}{3}$, $\frac{1}{3}$

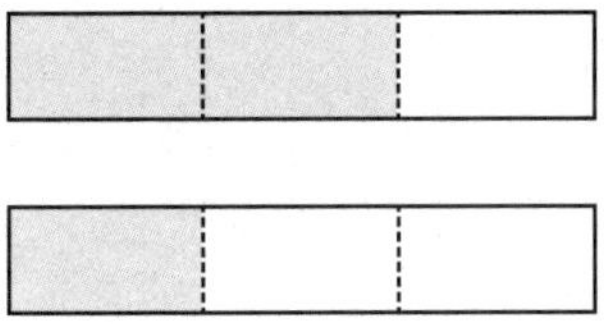

$\frac{2}{3}$ ○ $\frac{1}{3}$

$\frac{2}{3}$는 $\frac{1}{3}$이 2개이고, $\frac{1}{3}$은 $\frac{1}{3}$이 1개예요.

2 $\frac{4}{8}$, $\frac{1}{8}$

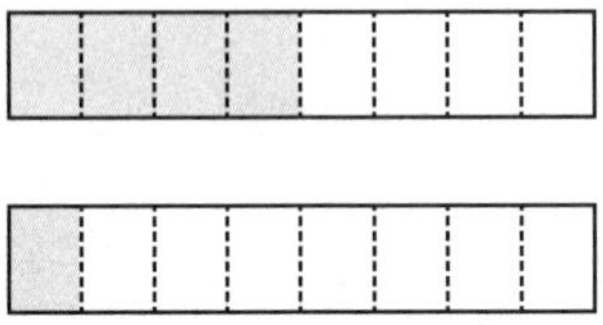

$\frac{4}{8}$ ○ $\frac{1}{8}$

3 $\frac{5}{7}$, $\frac{3}{7}$

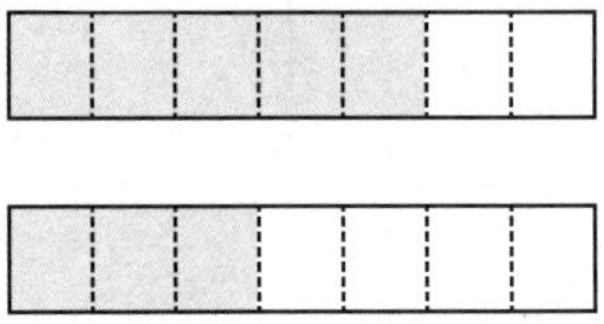

$\frac{5}{7}$ ○ $\frac{3}{7}$

4 $\frac{3}{5}$, $\frac{1}{5}$

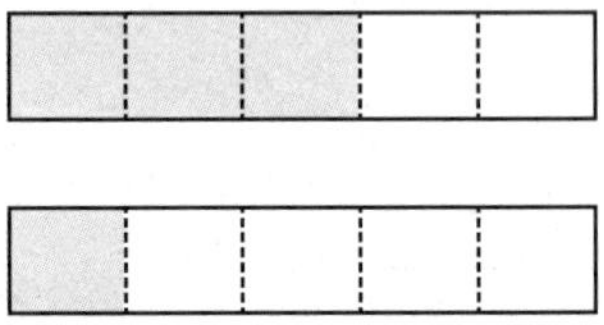

$\frac{3}{5}$ ○ $\frac{1}{5}$

5 $\frac{2}{5}$, $\frac{4}{5}$

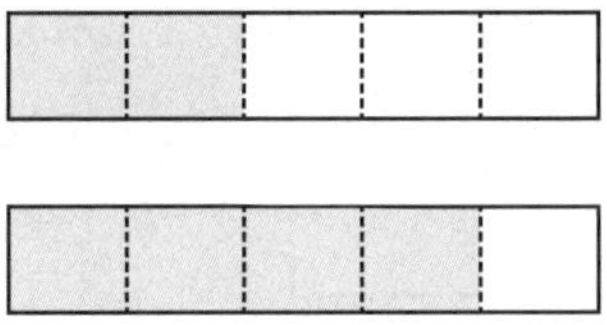

$\frac{2}{5}$ ○ $\frac{4}{5}$

6 $\frac{4}{6}$, $\frac{5}{6}$

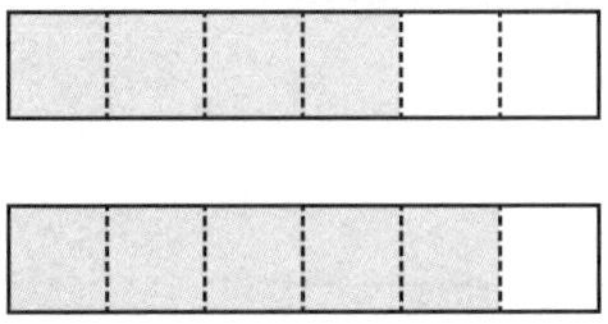

$\frac{4}{6}$ ○ $\frac{5}{6}$

7 $\frac{2}{4}$, $\frac{1}{4}$

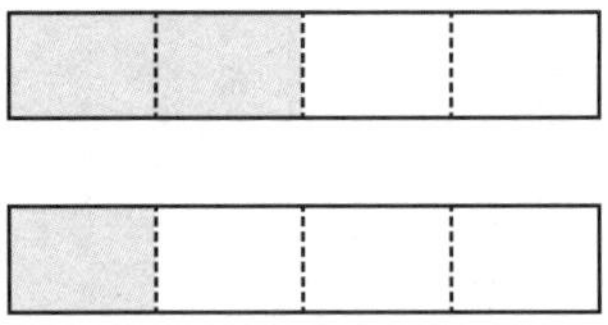

$\frac{2}{4}$ ○ $\frac{1}{4}$

8 $\frac{5}{9}$, $\frac{2}{9}$

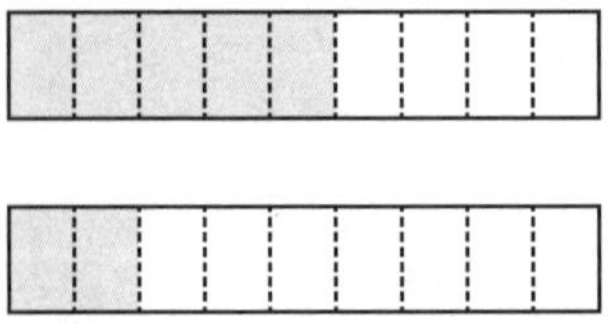

$\frac{5}{9}$ ○ $\frac{2}{9}$

정답 103쪽

공부한 날짜	맞힌 개수	걸린 시간
월 일	/26	분

○ 안에 >, <를 알맞게 써넣으세요.

9 $\frac{10}{12} \bigcirc \frac{9}{12}$

10 $\frac{3}{12} \bigcirc \frac{2}{12}$

11 $\frac{1}{11} \bigcirc \frac{8}{11}$

12 $\frac{2}{11} \bigcirc \frac{4}{11}$

13 $\frac{1}{12} \bigcirc \frac{6}{12}$

14 $\frac{7}{10} \bigcirc \frac{3}{10}$

15 $\frac{5}{8} \bigcirc \frac{6}{8}$

16 $\frac{5}{10} \bigcirc \frac{8}{10}$

17 $\frac{4}{9} \bigcirc \frac{8}{9}$

18 $\frac{7}{12} \bigcirc \frac{8}{12}$

19 $\frac{6}{11} \bigcirc \frac{9}{11}$

20 $\frac{6}{9} \bigcirc \frac{3}{9}$

21 $\frac{7}{11} \bigcirc \frac{9}{11}$

22 $\frac{1}{10} \bigcirc \frac{2}{10}$

23 $\frac{4}{12} \bigcirc \frac{11}{12}$

24 $\frac{6}{7} \bigcirc \frac{1}{7}$

25 $\frac{6}{10} \bigcirc \frac{4}{10}$

26 $\frac{10}{11} \bigcirc \frac{3}{11}$

03 단위분수의 크기 비교

복습 A

◈ 그림을 보고 ○ 안에 >, <를 알맞게 써넣으세요.

1

$\frac{1}{6}$, $\frac{1}{8}$

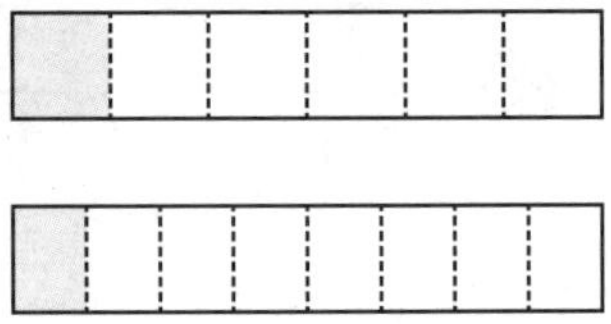

$\frac{1}{6}$ ○ $\frac{1}{8}$

6개 중에 1개는 8개 중에 1개보다 커요.

5

$\frac{1}{4}$, $\frac{1}{6}$

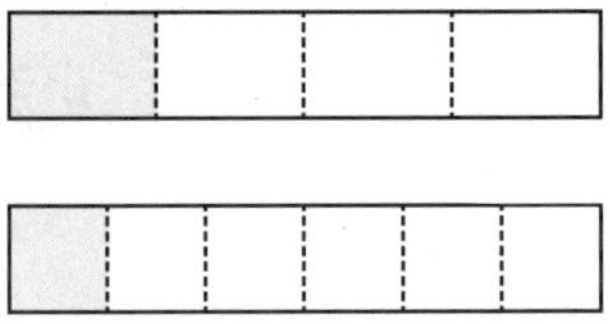

$\frac{1}{4}$ ○ $\frac{1}{6}$

2

$\frac{1}{5}$, $\frac{1}{7}$

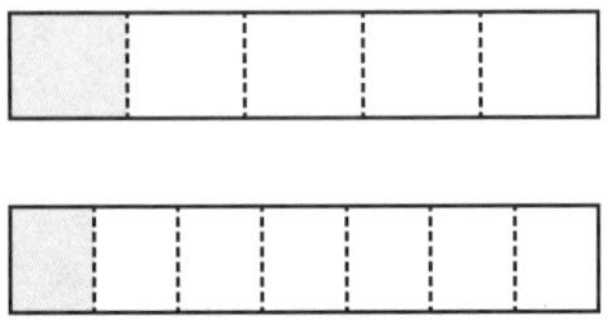

$\frac{1}{5}$ ○ $\frac{1}{7}$

6

$\frac{1}{3}$, $\frac{1}{2}$

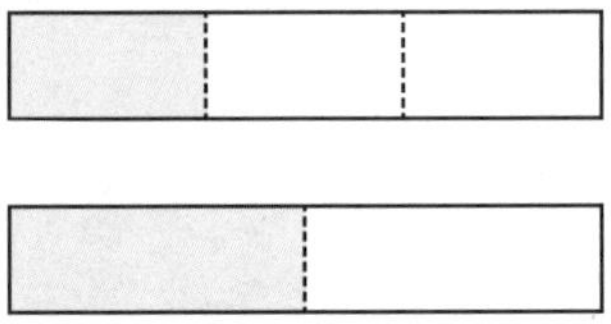

$\frac{1}{3}$ ○ $\frac{1}{2}$

3

$\frac{1}{7}$, $\frac{1}{4}$

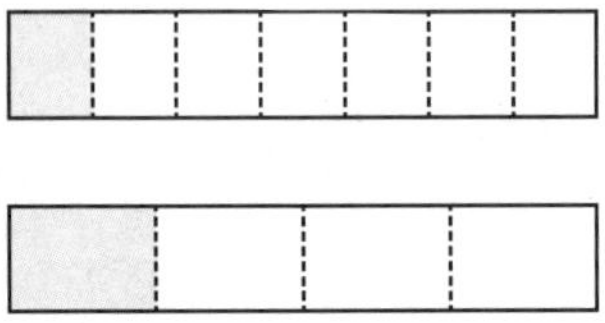

$\frac{1}{7}$ ○ $\frac{1}{4}$

7

$\frac{1}{5}$, $\frac{1}{2}$

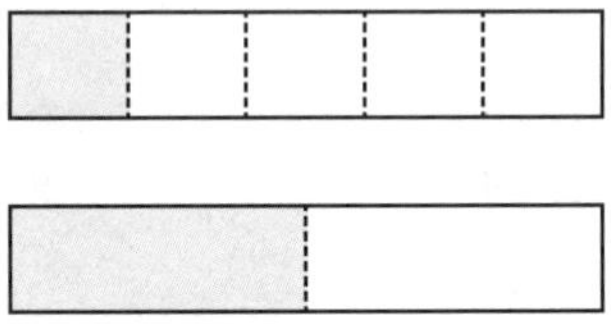

$\frac{1}{5}$ ○ $\frac{1}{2}$

4

$\frac{1}{4}$, $\frac{1}{3}$

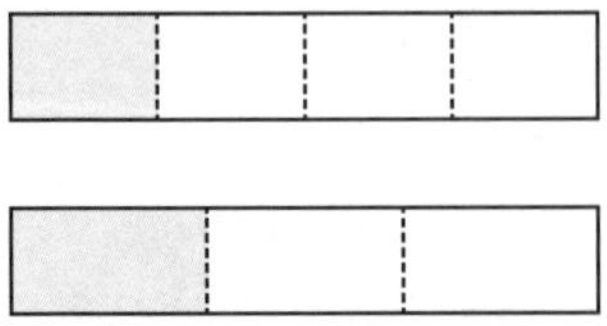

$\frac{1}{4}$ ○ $\frac{1}{3}$

8

$\frac{1}{8}$, $\frac{1}{5}$

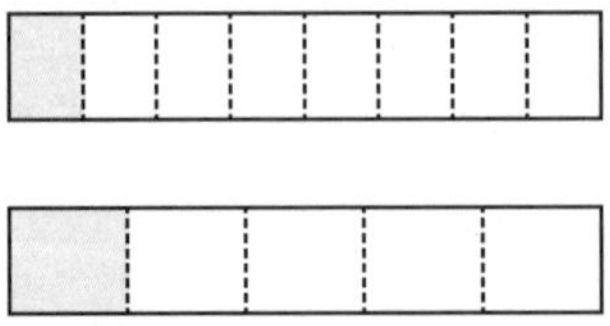

$\frac{1}{8}$ ○ $\frac{1}{5}$

정답 103쪽

공부한 날짜	맞힌 개수	걸린 시간
월 일	/26	분

○ 안에 >, <를 알맞게 써넣으세요.

9. $\frac{1}{9}$ ○ $\frac{1}{4}$

10. $\frac{1}{3}$ ○ $\frac{1}{7}$

11. $\frac{1}{3}$ ○ $\frac{1}{2}$

12. $\frac{1}{3}$ ○ $\frac{1}{5}$

13. $\frac{1}{7}$ ○ $\frac{1}{2}$

14. $\frac{1}{3}$ ○ $\frac{1}{4}$

15. $\frac{1}{3}$ ○ $\frac{1}{6}$

16. $\frac{1}{7}$ ○ $\frac{1}{5}$

17. $\frac{1}{5}$ ○ $\frac{1}{6}$

18. $\frac{1}{5}$ ○ $\frac{1}{4}$

19. $\frac{1}{6}$ ○ $\frac{1}{7}$

20. $\frac{1}{8}$ ○ $\frac{1}{4}$

21. $\frac{1}{6}$ ○ $\frac{1}{4}$

22. $\frac{1}{2}$ ○ $\frac{1}{6}$

23. $\frac{1}{8}$ ○ $\frac{1}{3}$

24. $\frac{1}{3}$ ○ $\frac{1}{9}$

25. $\frac{1}{2}$ ○ $\frac{1}{8}$

26. $\frac{1}{9}$ ○ $\frac{1}{6}$

04 소수 알기

복습 A

수직선을 보고, 빈칸에 알맞은 분수나 소수를 써넣으세요.

1

분수	0	$\frac{1}{10}$	$\frac{2}{10}$	$\frac{3}{10}$	$\frac{4}{10}$	□	$\frac{6}{10}$	$\frac{7}{10}$	□	$\frac{9}{10}$	1
소수	0	0.1	□	0.3	□	0.5	0.6	□	0.8	0.9	1

2

분수	0	□	$\frac{2}{10}$	□	□	$\frac{5}{10}$	$\frac{6}{10}$	$\frac{7}{10}$	$\frac{8}{10}$	$\frac{9}{10}$	1
소수	0	0.1	0.2	□	0.4	□	0.6	0.7	0.8	0.9	1

3

분수	0	$\frac{1}{10}$	$\frac{2}{10}$	$\frac{3}{10}$	$\frac{4}{10}$	$\frac{5}{10}$	$\frac{6}{10}$	□	$\frac{8}{10}$	□	1
소수	0	0.1	□	0.3	□	0.5	0.6	0.7	□	0.9	1

4

분수	0	$\frac{1}{10}$	□	$\frac{3}{10}$	□	$\frac{5}{10}$	□	$\frac{7}{10}$	$\frac{8}{10}$	$\frac{9}{10}$	1
소수	0	□	0.2	0.3	0.4	0.5	□	0.7	0.8	□	1

정답 103쪽

공부한 날짜	맞힌 개수	걸린 시간
월 일	/18	분

◈ ☐ 안에 알맞은 수를 써넣으세요.

5 0.1이 3개이면 ☐ 입니다.

6 0.1이 8개이면 ☐ 입니다.

7 0.1이 37개이면 ☐ 입니다.

8 0.1이 24개이면 ☐ 입니다.

9 0.1이 33개이면 ☐ 입니다.

10 0.1이 23개이면 ☐ 입니다.

11 0.1이 17개이면 ☐ 입니다.

12 0.6은 0.1이 ☐ 개입니다.

13 3.2는 0.1이 ☐ 개입니다.

14 0.1은 0.1이 ☐ 개입니다.

15 1.3은 0.1이 ☐ 개입니다.

16 1.5는 0.1이 ☐ 개입니다.

17 1.8은 0.1이 ☐ 개입니다.

18 2.5는 0.1이 ☐ 개입니다.

05 소수의 크기 비교

복습 A

그림을 보고 ○ 안에 >, <를 알맞게 써넣으세요.

❶ 0.9 / 0.3

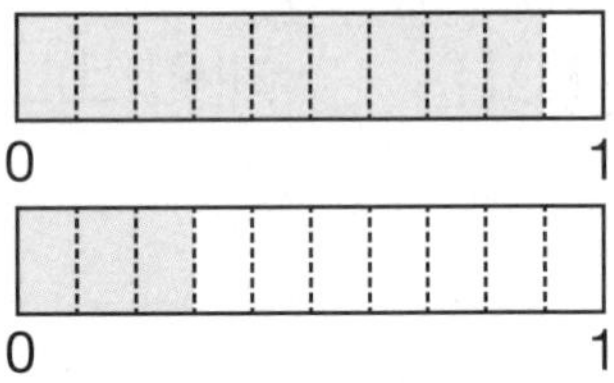

0.9 ◯ 0.3

0.9는 0.1이 9개이고, 0.3은 0.1이 3개예요.

❷ 0.8 / 0.1

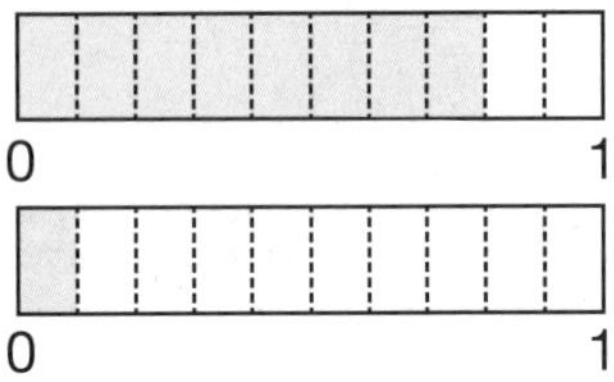

0.8 ◯ 0.1

❸ 0.5 / 0.1

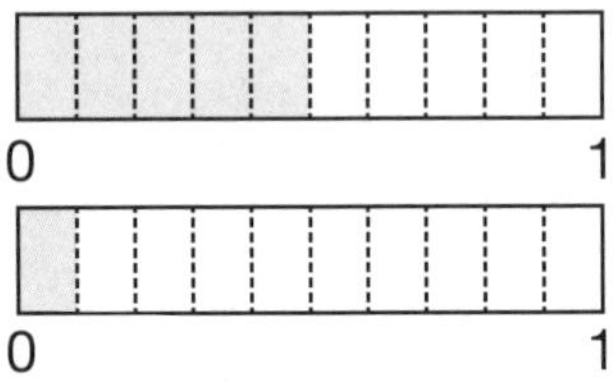

0.5 ◯ 0.1

❹ 0.1 / 0.7

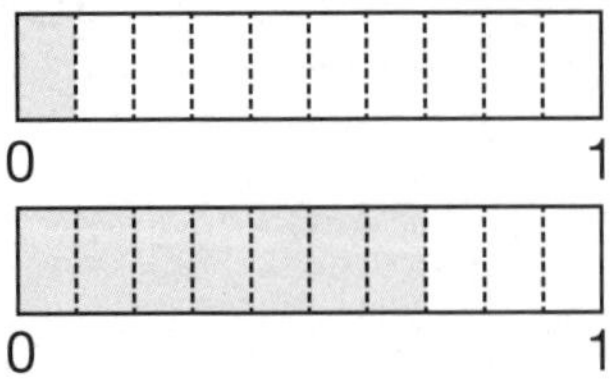

0.1 ◯ 0.7

❺ 0.1 / 0.3

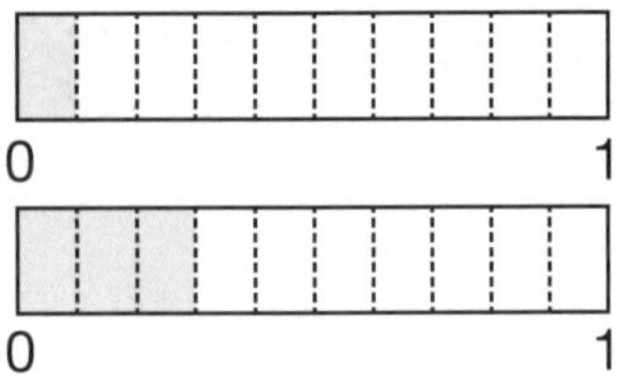

0.1 ◯ 0.3

❻ 0.3 / 0.7

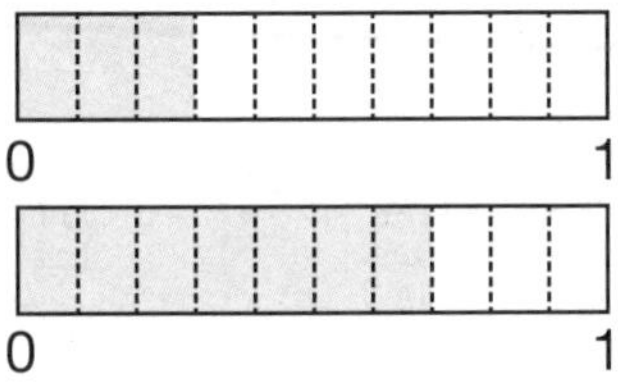

0.3 ◯ 0.7

❼ 0.6 / 0.5

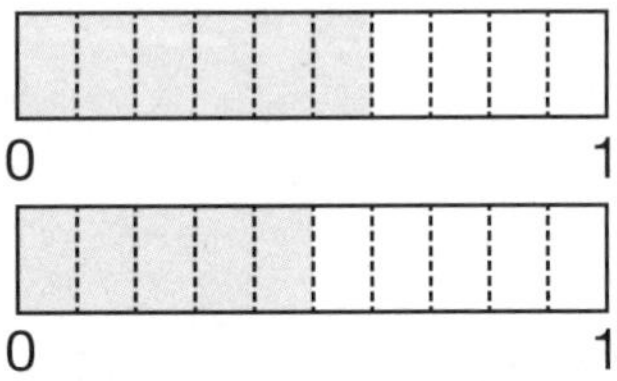

0.6 ◯ 0.5

❽ 0.5 / 0.2

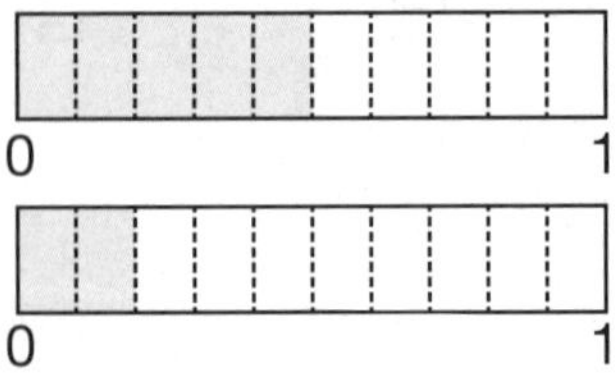

0.5 ◯ 0.2

정답 104쪽

공부한 날짜	맞힌 개수	걸린 시간
월 일	/29	분

○ 안에 >, <를 알맞게 써넣으세요.

9. 0.7 ○ 0.6

10. 0.5 ○ 0.6

11. 0.5 ○ 0.1

12. 0.4 ○ 0.9

13. 0.8 ○ 0.7

14. 0.1 ○ 0.6

15. 0.7 ○ 0.5

16. 0.4 ○ 0.6

17. 0.9 ○ 0.3

18. 0.3 ○ 0.5

19. 0.8 ○ 0.1

20. 0.2 ○ 0.7

21. 0.9 ○ 0.5

22. 0.6 ○ 0.8

23. 0.4 ○ 0.1

24. 0.1 ○ 0.2

25. 0.9 ○ 0.6

26. 0.5 ○ 0.8

27. 0.7 ○ 0.1

28. 0.7 ○ 0.9

29. 0.9 ○ 0.1

쌍둥이

최우수상

참 잘했어요!

이름 ____________________

위 어린이는 쌍둥이 연산 노트 3학년 1학기 과정을

스스로 꾸준히 훌륭하게 마쳤습니다.

이에 칭찬하여 이 상장을 드립니다.

년 월 일

정답

초등 5단계

3·1 복습책

01 받아올림이 없는 (세 자리 수) + (세 자리 수) A

6쪽

① 999	⑥ 929	⑪ 897
② 690	⑦ 977	⑫ 279
③ 898	⑧ 668	⑬ 495
④ 978	⑨ 789	⑭ 729
⑤ 678	⑩ 759	⑮ 858

7쪽

⑯ 885	㉑ 888	㉖ 627
⑰ 869	㉒ 577	㉗ 999
⑱ 978	㉓ 997	㉘ 889
⑲ 976	㉔ 979	㉙ 899
⑳ 679	㉕ 899	㉚ 996

02 받아올림이 없는 (세 자리 수) + (세 자리 수) B

8쪽

① 717, 700, 10, 7	⑤ 488, 400, 80, 8
② 889, 800, 80, 9	⑥ 629, 600, 20, 9
③ 969, 900, 60, 9	⑦ 979, 900, 70, 9
④ 989, 900, 80, 9	⑧ 987, 900, 80, 7

9쪽

⑨ 799	⑯ 579	㉓ 667
⑩ 499	⑰ 919	㉔ 858
⑪ 758	⑱ 976	㉕ 768
⑫ 869	⑲ 975	㉖ 999
⑬ 998	⑳ 938	㉗ 797
⑭ 965	㉑ 893	㉘ 699
⑮ 899	㉒ 849	㉙ 878

03 받아올림이 한 번 있는 (세 자리 수) + (세 자리 수)① A

10쪽

① 642	⑥ 273	⑪ 871
② 917	⑦ 773	⑫ 430
③ 962	⑧ 952	⑬ 860
④ 862	⑨ 860	⑭ 771
⑤ 971	⑩ 952	⑮ 670

11쪽

⑯ 942	㉑ 460	㉖ 761
⑰ 572	㉒ 962	㉗ 531
⑱ 791	㉓ 981	㉘ 982
⑲ 462	㉔ 560	㉙ 882
⑳ 552	㉕ 793	㉚ 873

04 받아올림이 한 번 있는 (세 자리 수) + (세 자리 수)① B

12쪽

① 770, 700, 60, 10	⑤ 990, 900, 80, 10
② 853, 800, 40, 13	⑥ 890, 800, 80, 10
③ 961, 900, 50, 11	⑦ 851, 800, 40, 11
④ 546, 500, 30, 16	⑧ 950, 900, 40, 10

13쪽

⑨ 982	⑯ 731	㉓ 752
⑩ 790	⑰ 570	㉔ 382
⑪ 855	⑱ 740	㉕ 492
⑫ 452	⑲ 773	㉖ 881
⑬ 852	⑳ 992	㉗ 341
⑭ 670	㉑ 982	㉘ 981
⑮ 950	㉒ 742	㉙ 372

05 받아올림이 한 번 있는 (세 자리 수) + (세 자리 수)② Ⓐ

14쪽

① 717	⑥ 614	⑪ 833
② 936	⑦ 944	⑫ 517
③ 536	⑧ 717	⑬ 637
④ 713	⑨ 407	⑭ 806
⑤ 702	⑩ 918	⑮ 605

15쪽

⑯ 637	㉑ 647	㉖ 928
⑰ 813	㉒ 936	㉗ 706
⑱ 716	㉓ 704	㉘ 816
⑲ 918	㉔ 736	㉙ 718
⑳ 706	㉕ 663	㉚ 925

06 받아올림이 한 번 있는 (세 자리 수) + (세 자리 수)② Ⓑ

16쪽

① 725, 600, 120, 5	⑤ 606, 500, 100, 6
② 826, 700, 120, 6	⑥ 702, 600, 100, 2
③ 524, 400, 120, 4	⑦ 927, 800, 120, 7
④ 917, 800, 110, 7	⑧ 717, 600, 110, 7

17쪽

⑨ 923	⑯ 617	㉓ 824
⑩ 803	⑰ 813	㉔ 947
⑪ 718	⑱ 928	㉕ 838
⑫ 907	⑲ 807	㉖ 812
⑬ 418	⑳ 308	㉗ 509
⑭ 718	㉑ 919	㉘ 905
⑮ 614	㉒ 808	㉙ 817

07 받아올림이 두 번 있는 (세 자리 수) + (세 자리 수) Ⓐ

18쪽

① 411	⑥ 1318	⑪ 1260
② 1214	⑦ 1081	⑫ 881
③ 1223	⑧ 911	⑬ 1427
④ 842	⑨ 1251	⑭ 1151
⑤ 1328	⑩ 1816	⑮ 943

19쪽

⑯ 1191	㉑ 732	㉖ 1818
⑰ 1113	㉒ 1363	㉗ 1098
⑱ 934	㉓ 921	㉘ 1118
⑲ 1343	㉔ 834	㉙ 981
⑳ 1253	㉕ 1348	㉚ 1292

08 받아올림이 두 번 있는 (세 자리 수) + (세 자리 수) Ⓑ

20쪽

① 531, 400, 120, 11	⑤ 1418, 1300, 110, 8
② 1317, 1200, 110, 7	⑥ 1292, 1200, 80, 12
③ 911, 800, 100, 11	⑦ 1181, 1100, 70, 11
④ 841, 700, 130, 11	⑧ 431, 300, 120, 11

21쪽

⑨ 1081	⑯ 621	㉓ 1781
⑩ 1294	⑰ 1218	㉔ 981
⑪ 1262	⑱ 632	㉕ 1348
⑫ 934	⑲ 1112	㉖ 1284
⑬ 1317	⑳ 1438	㉗ 1381
⑭ 1117	㉑ 834	㉘ 911
⑮ 632	㉒ 1118	㉙ 1314

09 받아올림이 세 번 있는 (세 자리 수) + (세 자리 수) Ⓐ

22쪽

① 1413
② 1412
③ 1642
④ 1011
⑤ 1533
⑥ 1251
⑦ 1521
⑧ 1221
⑨ 1013
⑩ 1730
⑪ 1151
⑫ 1811
⑬ 1010
⑭ 1520
⑮ 1511

23쪽

⑯ 1534
⑰ 1320
⑱ 1532
⑲ 1021
⑳ 1224
㉑ 1106
㉒ 1127
㉓ 1434
㉔ 1224
㉕ 1231
㉖ 1431
㉗ 1122
㉘ 1024
㉙ 1133
㉚ 1934

10 받아올림이 세 번 있는 (세 자리 수) + (세 자리 수) Ⓑ

24쪽

① 1420, 1300, 110, 10
② 1334, 1200, 120, 14
③ 1151, 1000, 140, 11
④ 1432, 1300, 120, 12
⑤ 1050, 900, 140, 10
⑥ 1012, 900, 100, 12
⑦ 1432, 1300, 120, 12
⑧ 1151, 1000, 140, 11

25쪽

⑨ 1231
⑩ 1220
⑪ 1251
⑫ 1020
⑬ 1124
⑭ 1324
⑮ 1021
⑯ 1332
⑰ 1013
⑱ 1434
⑲ 1112
⑳ 1313
㉑ 1321
㉒ 1950
㉓ 1221
㉔ 1433
㉕ 1312
㉖ 1121
㉗ 1133
㉘ 1021
㉙ 1432

01 받아내림이 없는 (세 자리 수) − (세 자리 수) Ⓐ

26쪽

① 312	⑥ 302	⑪ 532
② 423	⑦ 891	⑫ 122
③ 412	⑧ 212	⑬ 433
④ 213	⑨ 223	⑭ 453
⑤ 134	⑩ 123	⑮ 302

27쪽

⑯ 123	㉑ 412	㉖ 102
⑰ 231	㉒ 353	㉗ 212
⑱ 712	㉓ 102	㉘ 132
⑲ 274	㉔ 212	㉙ 622
⑳ 424	㉕ 122	㉚ 135

02 받아내림이 없는 (세 자리 수) − (세 자리 수) Ⓑ

28쪽

① 513, 3, 10, 500	⑤ 132, 2, 30, 100
② 323, 3, 20, 300	⑥ 222, 2, 20, 200
③ 402, 2, 0, 400	⑦ 222, 2, 20, 200
④ 624, 4, 20, 600	⑧ 302, 2, 0, 300

29쪽

⑨ 313	⑯ 132	㉓ 311
⑩ 324	⑰ 602	㉔ 112
⑪ 222	⑱ 312	㉕ 442
⑫ 733	⑲ 302	㉖ 722
⑬ 183	⑳ 511	㉗ 123
⑭ 432	㉑ 113	㉘ 132
⑮ 423	㉒ 112	㉙ 242

03 받아내림이 한 번 있는 (세 자리 수) − (세 자리 수)① Ⓐ

30쪽

① 229	⑥ 129	⑪ 145
② 229	⑦ 318	⑫ 419
③ 518	⑧ 142	⑬ 347
④ 536	⑨ 129	⑭ 327
⑤ 227	⑩ 117	⑮ 427

31쪽

⑯ 527	㉑ 127	㉖ 119
⑰ 248	㉒ 119	㉗ 328
⑱ 336	㉓ 118	㉘ 118
⑲ 529	㉔ 112	㉙ 118
⑳ 148	㉕ 313	㉚ 729

04 받아내림이 한 번 있는 (세 자리 수) − (세 자리 수)① Ⓑ

32쪽

① 148, 8, 40, 100	⑤ 148, 8, 40, 100
② 212, 2, 10, 200	⑥ 618, 8, 10, 600
③ 117, 7, 10, 100	⑦ 327, 7, 20, 300
④ 436, 6, 30, 400	⑧ 128, 8, 20, 100

33쪽

⑨ 547	⑯ 119	㉓ 127
⑩ 225	⑰ 428	㉔ 118
⑪ 217	⑱ 329	㉕ 418
⑫ 413	⑲ 318	㉖ 448
⑬ 719	⑳ 217	㉗ 527
⑭ 128	㉑ 829	㉘ 347
⑮ 148	㉒ 217	㉙ 148

05 받아내림이 한 번 있는 (세 자리 수) − (세 자리 수)② A

34쪽

❶ 291	❻ 194	⓫ 283
❷ 272	❼ 183	⓬ 198
❸ 274	❽ 134	⓭ 486
❹ 151	❾ 181	⓮ 481
❺ 187	❿ 281	⓯ 184

35쪽

⓰ 482	㉑ 473	㉖ 195
⓱ 481	㉒ 361	㉗ 171
⓲ 171	㉓ 276	㉘ 192
⓳ 171	㉔ 183	㉙ 392
⓴ 294	㉕ 364	㉚ 281

06 받아내림이 한 번 있는 (세 자리 수) − (세 자리 수)② B

36쪽

❶ 273, 3, 70, 200	❺ 186, 6, 80, 100
❷ 195, 5, 90, 100	❻ 365, 5, 60, 300
❸ 384, 4, 80, 300	❼ 273, 3, 70, 200
❹ 193, 3, 90, 100	❽ 191, 1, 90, 100

37쪽

❾ 292	⓰ 292	㉓ 281
❿ 421	⓱ 452	㉔ 172
⓫ 298	⓲ 194	㉕ 291
⓬ 682	⓳ 172	㉖ 451
⓭ 171	⓴ 472	㉗ 172
⓮ 281	㉑ 212	㉘ 487
⓯ 197	㉒ 133	㉙ 275

07 받아내림이 두 번 있는 (세 자리 수) − (세 자리 수) A

38쪽

❶ 126	❻ 287	⓫ 289
❷ 127	❼ 189	⓬ 188
❸ 286	❽ 268	⓭ 267
❹ 266	❾ 468	⓮ 269
❺ 467	❿ 469	⓯ 478

39쪽

⓰ 277	㉑ 179	㉖ 177
⓱ 179	㉒ 118	㉗ 169
⓲ 178	㉓ 117	㉘ 468
⓳ 269	㉔ 269	㉙ 267
⓴ 288	㉕ 289	㉚ 248

08 받아내림이 두 번 있는 (세 자리 수) − (세 자리 수) B

40쪽

❶ 168, 8, 60, 100	❺ 167, 7, 60, 100
❷ 264, 4, 60, 200	❻ 265, 5, 60, 200
❸ 264, 4, 60, 200	❼ 289, 9, 80, 200
❹ 288, 8, 80, 200	❽ 277, 7, 70, 200

41쪽

❾ 475	⓰ 448	㉓ 479
❿ 249	⓱ 449	㉔ 179
⓫ 448	⓲ 168	㉕ 169
⓬ 378	⓳ 168	㉖ 169
⓭ 168	⓴ 169	㉗ 169
⓮ 279	㉑ 279	㉘ 279
⓯ 279	㉒ 279	㉙ 279

42쪽 01 곱셈과 나눗셈의 관계 A

① 7, 5
② 3, 7
③ 5, 3
④ 5, 6
⑤ 7, 3
⑥ 5, 8
⑦ 3, 2
⑧ 6, 9
⑨ 4, 7
⑩ 9, 8

43쪽

⑪ 27, 3 / 27, 9
⑫ 56, 7 / 56, 8
⑬ 27, 9 / 27, 3
⑭ 12, 3 / 12, 4
⑮ 36, 4 / 36, 9
⑯ 8, 4 / 8, 2
⑰ 20, 4 / 20, 5
⑱ 12, 6 / 12, 2
⑲ 56, 8 / 56, 7
⑳ 42, 7 / 42, 6

44쪽 02 곱셈과 나눗셈의 관계 B

① 56, 56
② 18, 18
③ 48, 48
④ 12, 12
⑤ 48, 48
⑥ 20, 20
⑦ 15, 15
⑧ 30, 30
⑨ 72, 72
⑩ 42, 42

45쪽

⑪ 7, 21 / 3, 21
⑫ 4, 24 / 6, 24
⑬ 8, 24 / 3, 24
⑭ 6, 12 / 2, 12
⑮ 2, 10 / 5, 10
⑯ 9, 27 / 3, 27
⑰ 3, 21 / 7, 21
⑱ 2, 18 / 9, 18
⑲ 5, 35 / 7, 35
⑳ 7, 56 / 8, 56

46쪽 03 나눗셈의 몫 구하기 A

① 5, 5
② 7, 7
③ 4, 4
④ 5, 5
⑤ 2, 2
⑥ 5, 5
⑦ 9, 9
⑧ 8, 8
⑨ 9, 9
⑩ 5, 5
⑪ 4, 4
⑫ 8, 8
⑬ 9, 9
⑭ 4, 4
⑮ 6, 6

47쪽

⑯ 3
⑰ 9
⑱ 3
⑲ 5
⑳ 3
㉑ 8
㉒ 2
㉓ 7
㉔ 9
㉕ 7
㉖ 8
㉗ 7
㉘ 6
㉙ 5
㉚ 4
㉛ 6
㉜ 3
㉝ 3
㉞ 4
㉟ 3
㊱ 4
㊲ 9
㊳ 5
㊴ 9

48쪽 01 (몇십)×(몇) A

① 56, 560
② 54, 540
③ 21, 210
④ 40, 400
⑤ 64, 640
⑥ 4, 40
⑦ 24, 240
⑧ 42, 420
⑨ 10, 100
⑩ 27, 270
⑪ 12, 120
⑫ 12, 120
⑬ 18, 180
⑭ 14, 140
⑮ 20, 200

49쪽

⑯ 630
⑰ 200
⑱ 540
⑲ 360
⑳ 420
㉑ 300
㉒ 720
㉓ 180
㉔ 320
㉕ 140
㉖ 160
㉗ 160
㉘ 180
㉙ 250
㉚ 120
㉛ 210
㉜ 100
㉝ 560
㉞ 180
㉟ 480
㊱ 240

50쪽 02 (몇십)×(몇) B

① 810
② 300
③ 100
④ 210
⑤ 560
⑥ 160
⑦ 80
⑧ 560
⑨ 180
⑩ 90
⑪ 240
⑫ 180
⑬ 320
⑭ 450
⑮ 720

51쪽

⑯ 240
⑰ 490
⑱ 200
⑲ 160
⑳ 540
㉑ 720
㉒ 60
㉓ 420
㉔ 180
㉕ 270
㉖ 250
㉗ 400
㉘ 120
㉙ 120
㉚ 350

52쪽 03 올림이 없는 (몇십몇)×(몇) A

① 66
② 31
③ 62
④ 46
⑤ 63
⑥ 37
⑦ 42
⑧ 46
⑨ 23
⑩ 84
⑪ 64
⑫ 82
⑬ 44
⑭ 99
⑮ 28

53쪽

⑯ 68
⑰ 65
⑱ 69
⑲ 88
⑳ 51
㉑ 77
㉒ 84
㉓ 93
㉔ 95
㉕ 86
㉖ 88
㉗ 96
㉘ 66
㉙ 48
㉚ 83

54쪽 04 올림이 없는 (몇십몇)×(몇) B

① 60, 8, 68
② 90, 6, 96
③ 60, 6, 66
④ 60, 6, 66
⑤ 40, 2, 42
⑥ 20, 3, 23
⑦ 60, 3, 63
⑧ 90, 2, 92
⑨ 90, 3, 93
⑩ 70, 9, 79
⑪ 60, 2, 62
⑫ 80, 8, 88
⑬ 80, 8, 88
⑭ 50, 7, 57
⑮ 60, 9, 69

55쪽

⑯ 82
⑰ 66
⑱ 99
⑲ 64
⑳ 27
㉑ 86
㉒ 52
㉓ 84
㉔ 61
㉕ 38
㉖ 91
㉗ 46
㉘ 94
㉙ 84
㉚ 71
㉛ 48
㉜ 87
㉝ 82
㉞ 55
㉟ 48
㊱ 32

05 올림이 한 번 있는 (몇십몇)×(몇)① Ⓐ

56쪽

① 243	⑥ 124	⑪ 287
② 188	⑦ 168	⑫ 108
③ 328	⑧ 168	⑬ 124
④ 279	⑨ 153	⑭ 146
⑤ 148	⑩ 129	⑮ 248

57쪽

⑯ 126	㉑ 288	㉖ 186
⑰ 126	㉒ 186	㉗ 208
⑱ 166	㉓ 459	㉘ 328
⑲ 368	㉔ 164	㉙ 105
⑳ 217	㉕ 144	㉚ 205

06 올림이 한 번 있는 (몇십몇)×(몇)① Ⓑ

58쪽

① 180, 8, 188	⑥ 150, 6, 156	⑪ 480, 8, 488
② 400, 5, 405	⑦ 490, 7, 497	⑫ 160, 4, 164
③ 180, 3, 183	⑧ 150, 9, 159	⑬ 720, 8, 728
④ 100, 6, 106	⑨ 640, 8, 648	⑭ 300, 6, 306
⑤ 210, 3, 213	⑩ 240, 4, 244	⑮ 180, 4, 184

59쪽

⑯ 168	㉓ 219	㉚ 249
⑰ 122	㉔ 243	㉛ 186
⑱ 729	㉕ 276	㉜ 284
⑲ 328	㉖ 546	㉝ 166
⑳ 126	㉗ 288	㉞ 368
㉑ 186	㉘ 126	㉟ 156
㉒ 184	㉙ 106	㊱ 168

07 올림이 한 번 있는 (몇십몇)×(몇)② Ⓐ

60쪽

① 105	⑥ 57	⑪ 50
② 81	⑦ 56	⑫ 45
③ 171	⑧ 119	⑬ 74
④ 116	⑨ 128	⑭ 78
⑤ 117	⑩ 60	⑮ 120

61쪽

⑯ 100	㉑ 72	㉖ 72
⑰ 56	㉒ 84	㉗ 72
⑱ 104	㉓ 34	㉘ 76
⑲ 75	㉔ 112	㉙ 58
⑳ 78	㉕ 32	㉚ 90

08 올림이 한 번 있는 (몇십몇)×(몇)② Ⓑ

62쪽

① 60, 14, 74	⑥ 60, 27, 87	⑪ 20, 10, 30
② 50, 45, 95	⑦ 40, 10, 50	⑫ 60, 36, 96
③ 90, 27, 117	⑧ 60, 12, 72	⑬ 70, 35, 105
④ 20, 18, 38	⑨ 80, 10, 90	⑭ 80, 16, 96
⑤ 70, 42, 112	⑩ 90, 21, 111	⑮ 30, 18, 48

63쪽

⑯ 95	㉓ 56	㉚ 102
⑰ 100	㉔ 96	㉛ 105
⑱ 98	㉕ 58	㉜ 102
⑲ 81	㉖ 105	㉝ 162
⑳ 108	㉗ 91	㉞ 104
㉑ 64	㉘ 84	㉟ 54
㉒ 60	㉙ 144	㊱ 78

09 올림이 두 번 있는 (몇십몇)×(몇) Ⓐ

64쪽

① 336
② 201
③ 231
④ 168
⑤ 552
⑥ 581
⑦ 154
⑧ 234
⑨ 504
⑩ 216
⑪ 162
⑫ 564
⑬ 198
⑭ 280
⑮ 352

65쪽

⑯ 532
⑰ 595
⑱ 282
⑲ 168
⑳ 240
㉑ 182
㉒ 175
㉓ 301
㉔ 534
㉕ 455
㉖ 190
㉗ 318
㉘ 340
㉙ 333
㉚ 546

10 올림이 두 번 있는 (몇십몇)×(몇) Ⓑ

66쪽

① 320, 36, 356
② 560, 24, 584
③ 200, 30, 230
④ 300, 30, 330
⑤ 100, 35, 135
⑥ 360, 20, 380
⑦ 100, 20, 120
⑧ 490, 21, 511
⑨ 420, 49, 469
⑩ 160, 16, 176
⑪ 270, 36, 306
⑫ 400, 24, 424
⑬ 150, 21, 171
⑭ 150, 35, 185
⑮ 360, 27, 387

67쪽

⑯ 295
⑰ 375
⑱ 744
⑲ 402
⑳ 684
㉑ 176
㉒ 212
㉓ 216
㉔ 492
㉕ 170
㉖ 760
㉗ 378
㉘ 747
㉙ 222
㉚ 582
㉛ 192
㉜ 384
㉝ 172
㉞ 602
㉟ 423
㊱ 237

68쪽 01 cm와 mm가 있는 길이의 덧셈 A

① 8cm 1mm
② 15cm 2mm
③ 8cm 2mm
④ 13cm 2mm
⑤ 14cm 1mm
⑥ 10cm 2mm
⑦ 7cm 1mm
⑧ 12cm 1mm
⑨ 18cm 2mm
⑩ 5cm 1mm

69쪽

⑪ 12cm 1mm
⑫ 4cm 1mm
⑬ 9cm 1mm
⑭ 12cm 2mm
⑮ 15cm 2mm
⑯ 10cm 3mm
⑰ 9cm 3mm
⑱ 12cm 3mm
⑲ 7cm 2mm
⑳ 12cm 2mm
㉑ 11cm 1mm
㉒ 5cm 3mm
㉓ 14cm 3mm
㉔ 12cm 3mm

72쪽 03 km와 m가 있는 길이의 덧셈 A

① 6km 200m
② 11km 200m
③ 17km 300m
④ 8km 100m
⑤ 11km 100m
⑥ 11km 200m
⑦ 12km 200m
⑧ 5km 100m
⑨ 11km
⑩ 11km 400m

73쪽

⑪ 6km 100m
⑫ 7km 100m
⑬ 15km 400m
⑭ 16km 200m
⑮ 7km 200m
⑯ 15km 200m
⑰ 9km 400m
⑱ 4km 100m
⑲ 10km 200m
⑳ 13km 200m
㉑ 10km 400m
㉒ 13km 300m
㉓ 10km 200m
㉔ 9km 100m

70쪽 02 cm와 mm가 있는 길이의 뺄셈 A

① 1cm 7mm
② 2cm 6mm
③ 3cm 8mm
④ 4cm 5mm
⑤ 5cm 8mm
⑥ 1cm 9mm
⑦ 5cm 9mm
⑧ 6cm 9mm
⑨ 1cm 5mm
⑩ 5cm 8mm

71쪽

⑪ 3cm 8mm
⑫ 3cm 7mm
⑬ 7cm 9mm
⑭ 3cm 5mm
⑮ 5cm 7mm
⑯ 1cm 9mm
⑰ 2cm 7mm
⑱ 3cm 4mm
⑲ 2cm 6mm
⑳ 6cm 6mm
㉑ 4cm 3mm
㉒ 3cm 7mm
㉓ 3cm 7mm
㉔ 1cm 5mm

74쪽 04 km와 m가 있는 길이의 뺄셈 A

① 2km 700m
② 1km 300m
③ 2km 800m
④ 1km 900m
⑤ 3km 900m
⑥ 2km 700m
⑦ 5km 500m
⑧ 5km 600m
⑨ 5km 900m
⑩ 4km 400m

75쪽

⑪ 2km 800m
⑫ 3km 800m
⑬ 1km 800m
⑭ 4km 700m
⑮ 3km 300m
⑯ 1km 700m
⑰ 2km 600m
⑱ 2km 600m
⑲ 2km 900m
⑳ 1km 700m
㉑ 3km 700m
㉒ 3km 600m
㉓ 5km 600m
㉔ 2km 800m

76쪽 05 시간의 덧셈 A

① 3시 5분 47초
② 4시 11분 58초
③ 8시 27분 45초
④ 10시 49분 4초
⑤ 7시 30분 44초
⑥ 10시간 48분 40초
⑦ 8시간 22분 57초
⑧ 6시간 28분 47초
⑨ 5시간 29분 45초
⑩ 5시간 52분 5초

77쪽

⑪ 4시 53분 1초
⑫ 8시 58분 12초
⑬ 6시 58분
⑭ 5시 59분 3초
⑮ 4시 55분 9초
⑯ 11시 42분 39초
⑰ 7시 24분 50초
⑱ 5시 56분 10초
⑲ 8시 13분 47초
⑳ 3시 4분 54초
㉑ 3시 57분 10초
㉒ 11시 45분 11초
㉓ 8시 9분 58초
㉔ 7시 36분 43초

78쪽 06 시간의 뺄셈 A

① 7시 21분 20초
② 2시 58분 13초
③ 4시 45분 34초
④ 2시 22분 36초
⑤ 2시 37분 17초
⑥ 3시간 9분 53초
⑦ 3시간 4분 33초
⑧ 2시간 23분 47초
⑨ 4시간 5분 52초
⑩ 4시간 9분 51초

79쪽

⑪ 3시 23분 39초
⑫ 6시 11분 39초
⑬ 5시 37분 49초
⑭ 4시 38분 41초
⑮ 3시 42분 34초
⑯ 2시 42분 28초
⑰ 3시 45분 25초
⑱ 2시간 1분 53초
⑲ 4시간 50분 17초
⑳ 5시간 19분 38초
㉑ 1시간 20분 44초
㉒ 2시간 53분 36초
㉓ 2시간 16분 22초
㉔ 4시간 11분 51초

80쪽 01 분수 알기 A

❶ 4, 3, $\frac{3}{4}$
❷ 3, 2, $\frac{2}{3}$
❸ 5, 2, $\frac{2}{5}$
❹ 4, 1, $\frac{1}{4}$
❺ 6, 4, $\frac{4}{6}$
❻ 6, 1, $\frac{1}{6}$

81쪽

⑦ $\frac{1}{7}$
⑧ $\frac{3}{8}$
⑨ $\frac{8}{9}$
⑩ $\frac{4}{9}$
⑪ $\frac{5}{7}$
⑫ $\frac{1}{8}$
⑬ $\frac{5}{8}$
⑭ $\frac{3}{7}$
⑮ $\frac{5}{9}$
⑯ $\frac{3}{6}$
⑰ $\frac{1}{9}$
⑱ $\frac{2}{8}$

82쪽 02 분모가 같은 분수의 크기 비교 A

❶ >
❷ >
❸ >
❹ >
❺ <
❻ <
❼ >
❽ >

83쪽

⑨ >
⑩ >
⑪ <
⑫ <
⑬ <
⑭ >
⑮ <
⑯ <
⑰ <
⑱ <
⑲ <
⑳ >
㉑ <
㉒ <
㉓ <
㉔ >
㉕ >
㉖ >

84쪽 03 단위분수의 크기 비교 A

❶ >
❷ >
❸ <
❹ <
❺ >
❻ <
❼ <
❽ <

85쪽

⑨ <
⑩ >
⑪ <
⑫ >
⑬ <
⑭ >
⑮ >
⑯ <
⑰ >
⑱ <
⑲ >
⑳ <
㉑ <
㉒ >
㉓ <
㉔ >
㉕ >
㉖ <

86쪽 04 소수 알기 A

❶ $\frac{5}{10}$, $\frac{8}{10}$ / 0.2, 0.4, 0.7
❷ $\frac{1}{10}$, $\frac{3}{10}$, $\frac{4}{10}$ / 0.3, 0.5
❸ $\frac{7}{10}$, $\frac{9}{10}$ / 0.2, 0.4, 0.8
❹ $\frac{2}{10}$, $\frac{4}{10}$, $\frac{6}{10}$ / 0.1, 0.6, 0.9

87쪽

❺ 0.3
❻ 0.8
❼ 3.7
❽ 2.4
❾ 3.3
❿ 2.3
⓫ 1.7
⑫ 6
⑬ 32
⑭ 1
⑮ 13
⑯ 15
⑰ 18
⑱ 25

88쪽 05 소수의 크기 비교 A

❶ >	❺ <
❷ >	❻ <
❸ >	❼ >
❹ <	❽ >

89쪽

❾ >	⓰ <	㉓ >
❿ <	⓱ >	㉔ <
⓫ >	⓲ <	㉕ >
⓬ <	⓳ >	㉖ <
⓭ >	⓴ <	㉗ >
⓮ <	㉑ >	㉘ <
⓯ >	㉒ <	㉙ >

쌤과 망이 만든

쌍둥이 연산노트

의 책이에요!

제 품 명: 쌍둥이 연산노트
제조자명: 이젠교육
제조국명: 대한민국
제조년월: 판권에 별도 표기
사용학년: 8세 이상

※ KC마크는 이 제품이 공통안전기준에 적합하였음을 의미합니다.

값 9,500원

ISBN 979-11-90880-55-8 63410